国家标准《民用建筑能耗标准》实施指南

住房和城乡建设部标准定额研究所
深圳市建筑科学研究院股份有限公司　主编
清华大学建筑节能研究中心

U0336653

中国建筑工业出版社

图书在版编目（CIP）数据

国家标准《民用建筑能耗标准》实施指南/住房和城乡建设部
标准定额研究所，深圳市建筑科学研究院股份有限公司，清华大
学建筑节能研究中心主编. —北京：中国建筑工业出版社，
2018.6
ISBN 978-7-112-22292-6

Ⅰ.①国… Ⅱ.①住… ②深… ③清… Ⅲ.①民用建筑-建筑
能耗-国家标准-中国-指南 Ⅳ.①TU24-65

中国版本图书馆 CIP 数据核字（2018）第 118615 号

责任编辑：王　磊
责任校对：李欣慰

国家标准《民用建筑能耗标准》实施指南

住房和城乡建设部标准定额研究所
深圳市建筑科学研究院股份有限公司　主编
清华大学建筑节能研究中心

*

中国建筑工业出版社出版、发行（北京海淀三里河路 9 号）
各地新华书店、建筑书店经销
北京科地亚盟排版公司制版
北京富生印刷厂印刷

*

开本：787×1092 毫米　1/16　印张：8½　字数：209 千字
2018 年 8 月第一版　　2018 年 8 月第一次印刷
定价：**30.00** 元
ISBN 978-7-112-22292-6
（32165）

前　言

国家标准《民用建筑能耗标准》GB/T 51161—2016（以下简称"本《标准》"）以实际的建筑能耗数据为基础，规定了符合我国当前国情的建筑能耗指标，为规范管理民用建筑实际运行能耗工作提供了依据，对落实习近平总书记在党的十九大报告中提出加快生态文明体制改革、建设美丽中国的目标和任务具有重要的支撑作用。

本《标准》根据我国建筑能耗的实际情况，确定了民用建筑能耗指标分类，分为城镇供暖用能指标、公共建筑用能指标和居住建筑用能指标等三类，并确定了各项指标的表达方式。以近年来我国开展的建筑能耗统计与能源审计等工作所收集的建筑能耗数据为编制基础，以及已实施的居民阶梯电价制度，经过统计分析及调研实证，确定了居住建筑非供暖能耗、部分建筑类型的公共建筑非供暖能耗和严寒寒冷地区供暖能耗指标值，并充分参考了当前推进建筑节能工作的实际需要，将指标值分为引导值和约束值，以引导与规范建筑实际运行与管理，以达到降低建筑物实际运行能耗的最终目的。

为使广大技术人员和管理人员能够掌握本《标准》的各项规定，并在实际工作中用好本《标准》，本《标准》编制组编写了本书，主要内容如下：

第1章，介绍了本《标准》编制的国际背景和国内背景，从保障国家安全的角度说明了做好建筑节能工作的重要意义。

第2章，详细介绍了本《标准》的编制过程，说明了民用建筑能耗指标框架、指标编制方法和基础数据情况，突出强调了本《标准》的作用和地位，并与国外发达国家能耗进行对比分析。

第3章，详细介绍了本《标准》的主要内容，重点说明了各项指标确定的方法和应用方法。

第4章，按照省市、城区、建筑和能源系统的层次，分别从宏观、中观、微观尺度自上而下地介绍本《标准》的应用场景，论述应用本《标准》进行政策制定、落实节能管理的方法及案例。

第5章，详细介绍了依据本《标准》编制地方建筑能耗标准的原则和方法，并对上海市、广东省和深圳市编制本地区建筑能耗标准的情况及实际应用经验进行了介绍。

本书由住房和城乡建设部标准定额研究所李铮、李大伟审核。

本书编制过程中，得到了九三学社中央委员会赖明副主席、清华大学江亿院士的支持、指导和帮助，在此表示衷心感谢。

本书仅供国家标准《民用建筑能耗标准》实施过程中参考。由于时间和水平有限，书中难免有不妥和疏漏之处，恳请广大读者批评指正。

编写组

2018 年 1 月

国家标准《民用建筑能耗标准》实施指南
各章节执笔人

第1章　标准的编制背景

1.1　国际背景，魏庆芃、彭琛

1.2　国内背景，刘刚、毛凯、刘珊

第2章　标准的编制说明

2.1　标准的定位及作用，江亿

2.2　标准的编制过程，刘刚

2.3　标准的指标框架，魏庆芃

2.4　标准的编制方法，刘俊跃、刘刚、夏建军

2.5　标准的数据基础，刘刚

2.6　与现行标准的关系，郝斌、陆元元

2.7　与国外标准的对比，魏庆芃

第3章　标准的主要内容

3.1-3.3　总则、术语、基本规定，刘俊跃

3.4　居住建筑非供暖能耗，杨仕超、余鹏

3.5　公共建筑非供暖能耗，魏庆芃、刘刚

3.6　严寒和寒冷地区建筑供暖能耗，夏建军、王萌

第4章　标准的应用场景

4.1　省市建筑能耗总量控制，彭琛

4.2　城区能源规划指标设定，李渊

4.3　建筑碳交易市场配额分配，叶倩、陆元元、刘芳

4.4　新建公共建筑能耗控制及管理，魏庆芃

4.5　既有公共建筑能耗控制及管理，叶倩、钱程

4.6　供热系统供热量及转换效率核定，夏建军、罗奥

第5章　地方标准及实践经验

5.1　地方标准编制方法和原则，刘珊

5.2　上海市建筑用能标准制定与执行情况，朱伟峰、邓光蔚

5.3　广东省公共建筑能耗标准编制，张欢

5.4　深圳市公共建筑能耗标准，刘飞

全书统稿：李渊、陆元元、刘刚

目　　录

第1章 标准的编制背景

1.1 国际背景

1.1.1 世界能源形势

当前全世界主要采用的仍然是化石能源，包括石油、天然气和煤。20世纪70年代的那次石油危机后，世界石油消费量却没有丝毫减少的趋势。在未来很长的一段时期，人类对能源的需求将一直增长，但是仅仅依靠化石能源是不可行的，其一，化石能源的储量有限，终有枯竭之时；其二，化石能源大量消耗将带来严重的环境问题，如由于温室气体排放引起的全球气候变暖、酸雨等。目前，世界能源形势不容乐观，主要矛盾有，化石能源需求的持续增长与供应能力有限的矛盾；一次能源的消耗与环境保护的矛盾；清洁、可再生能源日益受到重视与发展水平低下的矛盾；经济发展与一次能源供应间的矛盾。

1.1.2 国际能源安全

能源已经成为当前各国政治和经济角逐的焦点，是国家之间力量对比的决定因素，甚至成为社会进步与成功的一个新标志，获得能源成为21世纪压倒一切的首要任务。能源安全已经受到政府、学者和民众的普遍关注。经济全球化的背景下，国家经济机器的运行、国防能力的维持和公民日常生活的保证都离不开能源，它已经成为国家生存所必需的基本条件，因此确保能源供应已经上升为国家安全战略。

能源安全在一定程度上甚至决定了依赖于能源的各个国家的军事和外交策略。能源对国际关系的影响首先体现在军事领域，如二战期间的能源供应对战争进程就产生了巨大的影响，20世纪70年代的两次石油危机催生了现在的能源安全体系架构——能源消费国建立国际能源机构以应对欧佩克国家的石油联盟。现实情况已经改变了国家安全要素的构成，在传统的领土和军事安全之外，经济安全、环境安全、社会安全和能源安全等非传统安全逐渐纳入国家安全体系之中。

当前国家间围绕能源供应展开了激烈的政治、外交甚至军事争夺，各种形式的"能源战争"已经成为事实，而发展中国家迅速增长的能源需求使得形势更加紧张。但是，国家之间的能源矛盾可以通过国际合作和协商加以解决，尤其是全球能源市场正日趋完善，这也是大国在能源安全问题上既相互竞争又相互依赖、相互合作的原因。

1.1.3 国际气候合作

20世纪末，人们开始对日益明显的全球变暖趋势表示了极大的关注。联合国大会在

1990 年成立了政府间谈判委员会（Intergovernmental Negotiating Committee，INC），1992 年 6 月巴西里约热内卢举行的联合国环发大会通过了委员会起草的《联合国气候变化框架公约》，它成为应对气候变化问题上的政府间合作和谈判的起点和基本框架。1995 年和 1996 年分别召开了缔约方第一次和第二次会议，第三次大会于 1997 年 12 月 11 日在日本东京举行，149 个国家和地区的代表出席会议并通过了《京都议定书》。《京都议定书》首次以国际法律文件的形式量化规定了工业化国家温室气体排放的定额。

《京都议定书》附件 B 规定，缔约方以各自 1990 年温室气体的排放量为基准，于 2008～2012 年期间将二氧化碳、甲烷、氧化亚氮、氢氟碳化物、全氟化碳和六氟化硫共六种温室气体的排放量平均至少削减 5%。另外，还专门引入了三种"灵活机制"以帮助各国低成本履行减排义务，包括排放贸易（Emission Trade，ET）、联合履行（Joint Implementation，JI）和清洁发展机制（Clean Development Mechanism，CDM）。"排放贸易"是指附件 B 缔约方在确保完成规定的减排目标的情况下，可以将剩余部分的排放额度用于市场交易，将其出售给其他减排成本较高的工业化国家。"联合履行"是指附件 B 缔约方可以在其他附件 B 缔约方投资项目以减少当地排放或增强吸收温室气体的能力，由此产生的排放减少量可由双方共享。"清洁发展机制"的运作方式与"联合履行"相似，允许发达国家在发展中国家投资实施减排项目，以当地经过证实的减排数量（CER）来抵消发达国家自身的减排额度。

2007 年 12 月 3 日，《联合国气候变化框架公约》缔约方第 13 次会议在印度尼西亚巴厘岛开幕。由于《京都议定书》第一承诺期将于 2012 年到期，之后如何安排全球继续进行温室气体减排成为本次大会的焦点，与会各方通过了《巴厘岛路线图》，其主要内容包括：大幅度减少全球温室气体排放量，未来谈判应考虑为所有发达国家设定温室气体的减排目标；发展中国家应努力控制温室气体排放增长；发达国家有义务在技术开发和转让、资金支持等方面向发展中国家提供帮助；在 2009 年年底之前，达成接替《京都议定书》的旨在减缓全球变暖的新协议。

2009 年召开的哥本哈根气候大会是《联合国气候变化框架公约》成立以来关注度最高的一次会议。如果国际社会不能在哥本哈根会议上就气候变化问题达成共识，那么在《京都议定书》第一承诺期到期之后，就没有相应的国际制度框架来约束温室气体的排放，这将导致人类遏制全球变暖的努力遭受重大挫折。哥本哈根气候大会的总体结果是令人失望的，虽然与会各方在大会最后时刻达成了《哥本哈根协议》，但没有能够作为大会的决定获得通过，因而不具备法律约束力。虽然没有达到国际社会的预期，但是《哥本哈根协议》毕竟达成了一些政治共识，延续了"共同但有区别的责任"的基本原则，最大范围地将发达国家和发展中国家纳入了应对气候变化的合作行动；同时，明确了与工业化阶段前相比全球表面温度升高不超过 2℃的目标，为后续的谈判奠定了基础。

2015 年的巴黎气候大会是继哥本哈根会议后的又一次重要会议，将完成 2020 年后国际气候机制的谈判。联合国政府间气候变化专门委员会（IPCC）发布的第五次评估报告确认了世界各地都在发生气候变化，而全球变暖是毋庸置疑的，为本次气候大会奠定了科学基础。

2015 年 12 月 12 日，经过各方努力，巴黎气候大会终于达成新的气候协议，标志着合作共赢、公正合理的全球气候治理体系正在形成。尽管巴黎决议并未对单个国家的二氧化碳排放量作出法律约束，但与会的 195 个国家中依然有 186 个国家自愿设立了节能减排目标。中国承诺在 2030 年之前碳排放达到峰值，单位 GDP 碳排放相比 2005 年下降 60%～65%，非化石能源占一次能源消费比重达到 20% 左右，森林蓄积量比 2005 年增加 45 亿 m^3 左右；美国承诺在 2025 年之前温室气体排放比 2005 年整体减少 26%～28%；欧盟承诺在 2030 年之前温室气体排放较 1990 年减少 40%；另一个温室气体排放大国印度承诺到 2030 年比 2005 年碳排放强度降低 33%～35%。

巴黎气候大会采用了新的自下而上承诺减排的新模式：国家自主贡献（INDC）。在巴黎大会之前全球已有 160 个国家向联合国气候变化框架公约秘书处提交了"国家自主减排贡献"文件，这些国家碳排放量达到全球排放量的 90%。新的模式让各国在减排承诺方面握有自主权和灵活性，降低了达成协议的难度。同时，大国之间气候合作的意愿在逐渐加强。中国与美国、欧盟、巴西、印度等已就气候变化签署了多项双边声明，提前化解了此前纠缠谈判进展的诸多分歧。

巴黎气候大会是具有里程碑意义的一次大会。国际社会认识到全球变暖已经成为迫在眉睫的危机，各国携手应对气候变化，推进建立公平有效的全球应对气候变化机制。通过自主减排承诺，各国在能源节约和新能源替代方面设立了明确的目标和计划。

1.2　国内背景

1.2.1　我国能源战略

在全球气候变暖的危机影响下，我国对降低温室气体排放空前重视，从战略和全局高度强调了节能减排的重大意义。特别是自十八大以来，我国能源战略已发生了根本性的变革，从原来的尽可能满足能源需求转向能源消费管理。

《国民经济和社会发展第十二个五年规划纲要》已明确要求"合理控制能源消费总量，严格用能管理，控制建筑领域温室气体排放。"

《中国共产党第十八次全国代表大会报告》在"八、大力推进生态文明建设"当中明确提出：（二）全面促进资源节约。节约资源是保护生态环境的根本之策。要节约集约利用资源，推动资源利用方式根本转变，加强全过程节约管理，大幅降低能源、水、土地消耗强度，提高利用效率和效益。推动能源生产和消费革命，控制能源消费总量，加强节能降耗，支持节能低碳产业和新能源、可再生能源发展，确保国家能源安全。加强水源地保护和用水总量管理，推进水循环利用，建设节水型社会。严守耕地保护红线，严格土地用途管制。加强矿产资源勘察、保护、合理开发。发展循环经济，促进生产、流通、消费过程的减量化、再利用、资源化。

2014 年 6 月，习近平主席主持召开中央财经领导小组第六次会议，研究我国能源安全战略时强调："推动能源生产和消费革命是长期战略，必须从当前做起，加快实施重点任务和重大举措。第一，推动能源消费革命，抑制不合理能源消费。"

2014 年 6 月，国务院办公厅印发《能源发展战略行动计划（2014—2020 年）》（国办发〔2014〕31 号），指出：加快调整和优化经济结构，推进重点领域和关键环节节能，合理控制能源消费总量，以较少的能源消费支撑经济社会较快发展。到 2020 年，一次能源消费总量控制在 48 亿 tce 左右，煤炭消费总量控制在 42 亿 t 左右。

2014 年 11 月发布的《中美气候变化联合声明》中亦明确："中国计划 2030 年左右二氧化碳排放达到峰值且将努力早日达峰，并计划到 2030 年非化石能源占一次能源消费比重提高到 20％左右。"

2015 年 11 月发布的《中共中央关于制定国民经济和社会发展第十三个五年规划的建议》明确提出：推进生态文明建设，解决资源约束趋紧、环境污染严重、生态系统退化的问题，必须采取一些硬措施，明确必须实行能源消耗总量和强度双控行动，才能节约能源和水土资源，从源头上减少污染物排放，也能倒逼经济发展方式转变，提高我国经济发展绿色水平。

2016 年 3 月，国务院批转国家发改委《关于 2016 年深化经济体制改革重点工作的意见》。《意见》中提到，完善资源总量管理和节约制度。实施能源消费总量和强度双控制度，制定全国能源消费总量和强度目标及分解方案，建立目标责任制。深入实施能效领跑者制度，健全节能标准体系。

2016 年 12 月，国家发展改革委、国家能源局印发了《能源发展"十三五"规划》。提出把实施能源消费总量和强度"双控"作为主要任务之一。把能源消费总量和能源消费强度作为经济社会发展的重要约束性指标，建立指标分解落实机制。能源消费总量控制在 50 亿 tce 以内，煤炭消费总量控制在 41 亿 t 以内。

1.2.2 我国能源形势

能源问题一直是困扰人类生存与发展的重大问题，作为世界上发展最快的经济大国，能源问题在我国显得尤为突出。国际能源署的报告显示，2008 年，我国首次超过美国，成为世界上温室气体最大排放国，温室气体排放已达 60 亿 t，其次为美国的 59 亿 t。2010 年我国一次能源消费量为 32.5 亿 tce，同比增长 6％，已成为全球第一能源消费大国。

同时，长期以来我国采用粗放型的经济增长模式已经导致我国建筑能源利用效率的低下，单位 GDP 也远高于发达国家甚至印度、巴西等发展中国家。然而，中国仍是一个发展中大国，对经济发展的需求必然会导致能源需求的进一步增加，从而进一步严重威胁到我国乃至世界的生态、气候环境，我国在温室气体排放上面临前所未有的压力。从目前的情况来看，我国的能源形势不容乐观，主要体现在以下三个方面。

1. 能源消费结构不合理且人均储量不足

在我国化石能源资源探明储量中，90％以上是煤炭。目前，世界能源消费结构以石油为主体，煤炭和天然气所占的比例相当。而我国煤炭在整个能源消费结构中始终保持 60％以上的使用比例，石油所占比例较稳定，在 20％左右，天然气所占比例较小，仅为 5％左右。与世界能源消费结构相比，可以看出我国的能源消费结构比较单一，对煤炭的依赖程度较大。值得一提的是，在我国的能源消费中，可再生能源水电、核电、风电所占的比例从 1978 年的 3.4％升高到 2012 年的 9.4％。这说明，这些年我国的可再生能源的开发和利用取得了一定的效果，可再生能源正逐步优化我国的能源消费结构，但整体来看，对核能、天然气、可再生能源等的开发和使用仍不充分（图 1-1）。

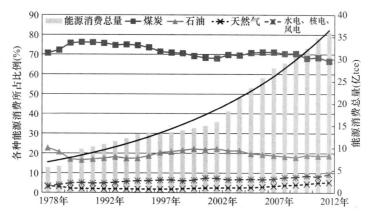

图 1-1　我国能源消费结构图

　　从人均储量来看，作为煤炭资源丰富的我国，其人均煤炭储量也仅为世界平均水平的 1/2。而人均石油储量仅为世界平均水平的 11％，天然气仅为 4.5％。由此可知，在能源资源方面，我国并不是"地大物博"，而是"地大物薄"。

　　2. 能源供应能力不足，资源环境压力凸显

　　我国的能源使用并不能无休止地增长，其受能源供应能力和碳排放量上限的约束。

　　从能源供应端来看，能源类型主要包括化石能源、核能以及可再生能源。从 20 世纪 90 年代开始，我国能源供应量就已经不能满足能源需求量。①化石能源：中国主要的化石能源包括煤、天然气和石油等，化石能源消耗约占我国总能耗的 90％。化石能源供应量受能源储备、安全生产、生态环境和水资源、技术条件等因素的制约，供应能力有限；②核能：核电的发展规模，要考虑铀资源的可供性，安全核电技术的可应用性，以及核电建设规模和速度可以达到的水平。③可再生能源：主要包括水电、风电、太阳能和生物质能，其供应能力受环境保护、经济性以及技术水平等条件的约束。综合上述情况，现有研究认为，考虑能源安全和进口量，到 2020 年，我国能源供应量在 50 亿 tce 以内。

　　从碳排放约束来看，能源的使用是碳排放的主要来源。从全球减排目标和我国承诺的低碳目标来看，我国应该逐步减少碳排放量。总的排放格局，可以考虑为三类：低峰值（逐渐下降），高峰值（快速下降），高峰值（推迟实现峰值，快速下降，然后负排放）。考虑对我国经济发展最有利的排放情景，到 2030 年，我国碳排放达到峰值。而从我国能源结构来看，如果要实现碳减排的目标，到 2020 年，我国能源消耗量不应超过 50 亿 tce。

　　随着减排要求的提高，未来化石能源消耗量需要进一步降低。在技术水平没有取得突破性进展的情况下，近期内核能和可再生能源难以替代化石能源。因此，控制能源使用量，是实现碳减排的唯一可行途径。综合以上，未来我国能源消耗量应该控制在 50 亿 tce 以内。

　　3. 能源使用量增长迅速，且石油等能源对外依存度高

　　我国在改革开放以来，经济的飞速发展带动我国能源消费持续以每年超过 10％的速度增长，我国对能源的需求正在以惊人的速度增加。

　　根据我国能源生产和消费对比图（图 1-2）可以看出，从 1998 年起，我国能源消费量已经开始逐年大于我国自身能源生产量，由于今后我国经济持续增长及人民生活水平持续提高等因素的影响，该趋势还将进一步扩大。该趋势的扩大还将对我国的能源安全造成严

重危机，一旦外部能源的供应出现中断、短缺或能源价格出现上涨，都将对我国的经济社会发展造成严重影响。因而，在不影响我国经济发展和人民生活水平提高的前提下，应将我国的能源消费总量控制在合理的范围内。

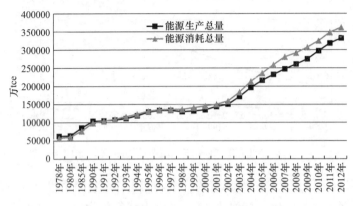

图 1-2　我国能源生产与消耗总量趋势图

同时，我国已成为能源进口国且能源进口量占全国能源消费总量的比例在快速增长。以 2011 年为例，其一次能源消耗的 8.6％ 来自进口，而石油对外依存度已超过 50％。可以预见，随着能耗量持续增长，本国能源供应能力将愈发难以满足国内能源需求。

1.2.3　我国建筑用能形势

目前，建筑能耗已成为与工业、交通能耗并列的三大能耗之一。总体来看，我国建筑用能具有以下三个方面的特点：

（1）我国建筑总能耗占全社会能源消费总量比例低于欧美发达国家，但增长迅速。

从建筑能耗总量来看，欧美发达国家建筑能耗占全社会能源消费总量的比例可达三分之一左右。而 2012 年，我国建筑总能耗（不含生物质能）为 6.90 亿 tce，约占全国能源消费总量的 19.1％，这一比例低于欧美发达国家水平。

另一方面，从 2006～2012 年，建筑总能耗由 5.15 亿 tce 增长至 6.90 亿 tce，即 2012 年建筑总能耗为 2006 年时的 1.34 倍，年均增长率达到 5％，如图 1-3 所示。

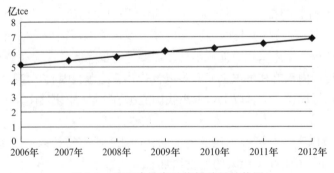

图 1-3　我国建筑商品能耗总量趋势图

可以预见，由于我国正处在城镇化快速发展的阶段，第三产业占 GDP 比例的逐年加大，且人口众多，人民生活条件不断改善，建筑规模十分巨大，导致建筑能耗的总量逐年上升，所占全国能源消费总量比例也将逐步升高。

（2）我国建筑总能耗存在总量限制，用能形势紧张。

终端能源消耗主要用于工业、交通和建筑运行。从当前我国终端用能结构来看，工业用能约占总能耗的 70%，远高于发达国家 30%～40% 的比例，这是由我国是制造业大国所决定的；交通能耗约占 10%，与发达国家相比，人均交通能耗还处于非常低的水平，也只有世界平均水平的一半；建筑能耗约占 20%，人均用能强度远低于发达国家水平。

从能源使用特点来看，建筑运行用能属于消费领域能耗，能源需求与人们的消费需求密切相关。综合考虑我国经济发展需求，人们的出行以及居民生活需求，未来工业能耗约占总能耗的 60%～70%，交通能耗还会增长，维持当前 10% 的比例，建筑运行能耗可以占总能耗的 25% 左右。

由于我国能源消耗量自身存在的上限约束，即天花板效应，如果 2020 年建筑用能突破 11 亿 tce 的用能上限，势必挤占工业或交通的用能份额，给我国工业和交通行业的发展带来不利影响。2014 年，我国建筑总能耗已达 8.2 亿 tce，同时，考虑到我国建筑用能强度仍存在上升趋势，每年新增建筑面积达 10 亿 m²，建筑用能总体形势不容乐观。

（3）我国建筑用能总量呈现四分天下态势，建筑能耗用能强度仍处于较低水平。

从用能总量来看，我国的建筑用能呈四分天下的局势。四类建筑能耗，即北方城镇采暖用能、城镇住宅用能（不包括北方地区的采暖）、公共建筑用能（不包括北方地区的采暖）以及农村住宅用能四类用能各占建筑能耗的 1/4 左右。从面积来看，2013 年农村住宅建筑面积约为 238 亿 m²，占全国建筑总面积的 44%；城镇建筑中，住宅面积约为 208 亿 m²，公共建筑面积为 99 亿 m²，而城镇建筑中北方寒冷和严寒地区的面积占了 40%，使得北方城镇采暖成为总能耗中的重要组成部分。而随着公共建筑规模的增长及平均能耗强度的增长，公共建筑的能耗已经成为中国建筑能耗中比例最大的一部分（图 1-4）。

从建筑能耗强度来看，中国农村能耗水平低于中国城镇水平，但中国城镇能耗较高的水平也低于发达国家能耗水平：单位面积平均能耗为欧洲与亚洲发达国家的 1/2 左右，为美洲国家的 1/3 左右；人均能耗为欧洲与亚洲发达国家的 1/4 左右，为美洲国家的 1/8 左右。特别与美国相比，中国人口为美国的 4 倍，而建筑能耗总量仅为美国的 40%，因此，中国的人均建筑能耗仅为美国的 10% 左右。

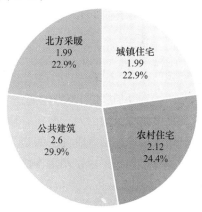

图 1-4　2015 年四个用能分类的
能耗情况（亿 tce）[①]

值得注意的是，我国目前的建筑用能强度与 20 世纪 50 年代初的美国状况非常接近。但是随着美国的经济发展和居民生活水平的提高，20 年时间内单位建筑面积能耗增加了约 150%，人均建筑运行能耗增加了 4 倍。建筑运行能耗随着经济增长和生活水平提高而迅速增长的现象同样也发生于 1960 年代之后的日本和 1980 年代之后的韩国等国家。我国目前经济增长速度和人民生活水平改善的速度都远高于 20 世纪 50 年代的美国，这都将导致单位建筑面积和人均建筑运行能耗

的增长。

综上所述，我国建筑用能形势不容乐观。根据近 30 年来能源界的研究和实践，目前普遍认为建筑节能是各种节能途径中潜力最大、最为直接有效的方式，是缓解能源紧张、解决社会经济发展与能源供应不足这对矛盾的最有效措施之一。因此，进一步深入开展建筑节能工作是十分迫切的。

1.2.4 我国建筑节能考核方式

现有的节能工作一般都有两个方法来判断，一个思路是摆出一堆技术写得清清楚楚：可再生能源、先进的太阳能设备、良好的保温、热惰性；水源热泵、双层玻璃幕墙等技术。这类似于节能设计标准的规定性指标。另一个思路是能源消耗数据：因为节能最根本的目标是把实际的能源消耗降下来，实际耗能量比节能率更加实际、直观，这类似于节能设计标准里的性能性指标。

在过去的节能工作中，我国节能改造的重点放在了新技术、新能源的使用上，国家和政府鼓励新建建筑采用新的节能技术及材料。然而在实践过程中发现，很多使用了新技术、新材料、新工艺的建筑能耗依然高居不下。因此造成了一种现象：堆积大量先进的技术、设备而不节能。因此，第二种思路用能源消耗的数据来说话，应该是检验建筑是否实现节能的唯一标准。我国已有的节能法规往往更偏向于前者，这也是既有的节能法规的不完善之处。

"十二五"期间，我国的建筑节能考核方式将开始发生根本性转变，即由过去针对技术措施的控制方式，如考核采用节能技术的数量、围护结构性能指标、系统和设备的能效等，逐步转向用能总量的控制方式，即通过采用用能限额等控制方法，鼓励采用技术结合使用模式实现能耗总量的控制。我国建筑节能考核方式的深刻转变，既是我国能源形势的迫切需要，亦是进一步深化建筑节能工作的迫切需要。

1.2.5 建筑节能法律法规及政策

1.2.5.1 法律法规

《中华人民共和国节约能源法》（2007 年 10 月 28 日修订）第七条规定：国家实行有利于节能和环境保护的产业政策，限制发展高耗能、高污染行业，发展节能环保型产业。第四十九条规定：国务院和县级以上地方各级人民政府管理机关事务工作的机构会同同级有关部门按照管理权限，制定本级公共机构的能源消耗定额，财政部门根据该定额制定能源消耗支出标准。

《民用建筑节能条例》（2008 年 8 月 1 日颁布）第七条规定：国家建立健全民用建筑节能标准体系。国家民用建筑节能标准由国务院建设主管部门负责组织制定，并依照法定程序发布。

《中华人民共和国循环经济促进法》（2008 年 8 月 29 日颁布）第二十五条规定：国务院和县级以上地方人民政府管理机关事务工作的机构会同本级人民政府有关部门制定本级国家机关等机构的用能、用水定额指标，财政部门根据该定额指标制定支出标准。

《公共机构节能条例》（2008 年 10 月 1 日实施）第三条规定：公共机构应当加强用能管理，采取技术上可行、经济上合理的措施，降低能源消耗，减少、制止能源浪费，有效、合理地利用能源。

1.2.5.2　相关政策

《国民经济和社会发展第十二个五年规划纲要》（2011年3月14日批准）已明确要求：抑制高耗能产业过快增长，突出抓好工业、建筑、交通、公共机构等领域节能，加强重点用能单位节能管理。强化节能目标责任考核，健全奖惩制度。完善节能法规和标准，制定完善并严格执行主要耗能产品能耗限额和产品能效标准，加强固定资产投资项目节能评估和审查。

2011年，《国务院关于印发"十二五"节能减排综合性工作方案的通知》（国发〔2011〕26号）第二十二条再次明确指出：建立完善公共机构能源审计、能效公示和能耗定额管理制度，加强能耗监测平台和节能监管体系建设。

2011年，财政部、住房和城乡建设部印发《关于进一步推进公共建筑节能工作的通知》，指出：建立健全针对公共建筑特别是大型公共建筑的节能监管体系建设，通过能耗统计、能源审计及能耗动态监测等手段，实现公共建筑能耗的可计量、可监测。确定各类型公共建筑的能耗基线，识别重点用能建筑和高能耗建筑，并逐步推进高能耗公共建筑的节能改造，争取在"十二五"期间，实现公共建筑单位面积能耗下降10%，其中大型公共建筑能耗降低15%。

2012年5月9日，住房和城乡建设部印发《"十二五"建筑节能专项规划》（建科〔2012〕72号），明确指出：各省（区、市）应在能耗统计、能源审计、能耗动态监测工作的基础上，研究制定各类型公共建筑的能耗限额标准，并对公共建筑实行用能限额管理，对超限额用能建筑，采取增加用能成本或强制改造措施。

2012年8月与2013年1月，国务院先后出台了《节能减排"十二五"规划》和《能源发展"十二五"规划》，分别提出了国家公共机构单位面积能耗强度指标，以及全国能源消费总量和用电量指标。

《中国共产党第十八次全国代表大会报告》（2012年11月8日）中提出：（二）全面促进资源节约。节约资源是保护生态环境的根本之策。要节约集约利用资源，推动资源利用方式根本转变，加强全过程节约管理，大幅降低能源、水、土地消耗强度，提高利用效率和效益。推动能源生产和消费革命，控制能源消费总量，加强节能降耗，支持节能低碳产业和新能源、可再生能源发展，确保国家能源安全。加强水源地保护和用水总量管理，推进水循环利用，建设节水型社会。严守耕地保护红线，严格土地用途管制。加强矿产资源勘察、保护、合理开发。发展循环经济，促进生产、流通、消费过程的减量化、再利用、资源化。

2014年6月国务院办公厅印发《能源发展战略行动计划（2014—2020年）》，明确提出："加快调整和优化经济结构，推进重点领域和关键环节节能，合理控制能源消费总量，以较少的能源消费支撑经济社会较快发展。到2020年，一次能源消费总量控制在48亿tce左右，煤炭消费总量控制在42亿t左右。"

2014年6月，习近平主席主持召开中央财经领导小组第六次会议，研究我国能源安全战略时强调："推动能源生产和消费革命是长期战略，必须从当前做起，加快实施重点任务和重大举措。"

2014年11月《中美气候变化联合声明》中亦明确："中国计划2030年左右二氧化碳

排放达到峰值且将努力早日达峰，并计划到 2030 年非化石能源占一次能源消费比重提高到 20％左右。"

2015 年 11 月，习近平主席在出席巴黎大会时在讲话中重申了中国此前作出的承诺。中国将于 2030 年左右使二氧化碳排放达到峰值并争取尽早实现，2030 年单位国内生产总值二氧化碳排放比 2005 年下降 60％～65％，非化石能源占一次能源消费比重达到 20％左右。

同年，国务院办公厅印发了《关于加强节能标准化工作的意见》，对加强节能标准化工作作出全面部署，对节能标准化工作提出了更高要求。明确提出了工作目标，"到 2020 年，建成指标先进、符合国情的节能标准体系，主要高耗能行业实现能耗限额标准全覆盖，80％以上的能效指标达到国际先进水平，标准国际化水平明显提升。"

为实现建筑节能的总体目标，国务院发布了《关于印发"十三五"节能减排综合工作方案的通知》（国发〔2016〕74 号），其中指出："当前，我国经济发展进入新常态，产业结构优化明显加快，能源消费增速放缓，资源性、高耗能、高排放产业发展逐渐衰减。但必须清醒认识到，随着工业化、城镇化进程加快和消费结构持续升级，我国能源需求刚性增长，资源环境问题仍是制约我国经济社会发展的瓶颈之一，节能减排依然形势严峻、任务艰巨。"

2017 年 3 月 1 日，住房和城乡建设部印发《建筑节能与绿色建筑发展"十三五"规划》（建科〔2017〕53 号），提出"十三五"建筑节能与绿色建筑发展的主要任务，包括：（一）加快提高建筑节能标准及执行质量。（二）全面推动绿色建筑发展量质齐升。（三）稳步提升既有建筑节能水平。其中，在强化公共建筑节能管理部分强调：深入推进公共建筑能耗统计、能源审计工作，建立健全能耗信息公示机制。加强公共建筑能耗动态监测平台建设管理，逐步加大城市级平台建设力度。强化监测数据的分析与应用，发挥数据对用能限额标准制定、电力需求侧管理等方面的支撑作用。引导各地制定公共建筑用能限额标准，并实施基于限额的重点用能建筑管理及用能价格差别化政策。

第2章 标准的编制说明

2.1 标准的定位及作用

2.1.1 标准的定位

为贯彻落实国家节能减排、资源节约与利用、环境保护等要求，应推进建筑节能工作深入开展，从总量控制的角度规范管理民用建筑实际运行能耗。

已有的实践证明，标准作为工程建设活动的技术行为准则与依据，其与行政法规相辅相成，发挥指导与约束作用，是达到建筑节能目标的重要途径。同时，国外发达国家推进建筑节能的成功经验给我们的启示是：确定科学合理的民用建筑能耗标准，明晰建筑能耗基准线，量化建筑节能减排目标是实现建筑节能的关键。编制《民用建筑能耗标准》（以下简称"本《标准》"），是瞄准国际前沿，实现我国建筑能耗指标与国际接轨的重要途径。

从目前我国已颁布实施的建筑节能标准来看，是以强调建筑节能过程的管理与控制为主，涵盖了建筑设计、建造、运行和评价环节，包括对各种节能技术措施应用的规定，但主要针对新建建筑，尚未真正实现对用能终端的节能监管，未能体现结果导向控制的原则与要求。

本《标准》作为建筑节能标准体系中目标层级的国家标准，是以实际的建筑能耗数据为基础，制定符合我国当前国情的建筑能耗指标，强化对建筑终端用能强度的控制与引导。在我国建筑节能工作的"过程节能"的基础上，通过确定建筑能耗指标，以引导与规范建筑实际运行与管理，以达到降低建筑物的实际运行能耗（即"结果节能"）的最终目的，从而进一步完善我国建筑节能标准体系，最终实现建筑节能目标。

2.1.2 标准的作用

本《标准》的作用主要体现在以下四个方面：

（1）对于新建建筑，本《标准》是建筑节能的目标，可用来规范和约束设计、建造和运行管理的全过程。本《标准》给出的用能上限，应作为新建建筑规划时的用能目标值。规划、设计的各个环节都应该对用能状况进行评估，要保证实际用能不超过这一上限。即将出台的验收标准将给出如何在验收过程中用试运行的方式预测实际可能的运行能耗，也要求这一能耗不超过本《标准》给出的用能上限。在建筑竣工后正式投入运行时，本《标准》给出的能耗值则就可以作为该建筑运行的用能额定值，从而实施用能总量管理。

（2）对于既有建筑，本《标准》给出评价其用能水平的方法。当实际用能量高于本《标准》给出的用能约束值时，说明该建筑用能偏高，需要进行节能改造；当实际用能量位于约束值和目标值之间时，说明该建筑用能状况处于正常水平；当实际用能量低于目标值时，说明该建筑真正属于节能建筑。

（3）当实行建筑用能限额管理，或建筑碳交易时，本《标准》给出的用能数值可以作为用能限额及排碳数量的基准线参考值。

（4）当本《标准》得到全面落实后，一个地区（省、市、县）的建筑能耗总量可以根据本《标准》规定的约束值与该地区各类建筑的总量进行核算。

2.2　标准的编制过程

2.2.1　总体过程简介

自 2012 年本《标准》正式立项以来，至今编制组共召开全体工作会议 14 次，各章节编制小组召开小组会议 4 次，共计 18 次。其编制关键节点见图 2-1。

图 2-1　《民用建筑能耗标准》编制关键节点示意图

2.2.2　征求意见工作

由于本《标准》是我国建筑节能领域第一部以结果为导向的数据标准，意义重大，编制组对于征求意见工作特别重视，下面对此项工作进行重点介绍。

为使征求意见工作开展更为有效，编制组采用了以下三种途径开展征求意见工作：

途径一：网上征求意见——全社会

2014 年 3 月，本《标准》正式在国家工程建设标准化信息网[②]登出，面向全社会征求意见。

途径二：函件征求意见——政府机构

为进一步深入开展征求意见工作，2014 年 4 月，由住房和城乡建设部标准定额研究所发函向政府机构广泛征求意见，主要对象如下：

（1）与建筑节能相关的部委，如工业和信息化部、文化部以及中国民用航空局；

（2）地方各级建筑节能政府主管部门。

途径三：函件征求意见——专家学者、设计院、地产公司、行业协会等

在向各级建筑节能政府主管部门征求意见的同时，向高等院校与科研机构、建筑设计院、地产公司、行业协会与其他等相关单位广泛征求意见。其中：

（1）高等院校与科研机构：主要针对国家发展改革委能源研究所、建筑科学研究院以及各主要高等院校共 25 名专家。

（2）建筑设计院：针对各主要建筑设计院，共 24 名专家。

（3）地产公司、行业协会及其他：包括万科集团、招商地产、北京节能环保中心以及陕西省节能协会，共 8 名专家。

---

②　网址：http://www.ccsn.gov.cn/Default.aspx

通过本次征求意见工作，共收集单位及个人意见 30 份，共计 265 条有效意见。其中：

（1）通过途径一，即通过网上共征集意见 7 份，共计 35 条有效反馈意见，占总意见数的比例为 13.21%。

（2）通过途径二，即通过函件向政府机构共征集意见 12 份，共计 70 条有效反馈意见，占总意见数的比例为 26.42%。

（3）通过途径三，即通过函件向高等院校与科研机构、建筑设计院、地产公司、行业协会等共征集意见 11 份，共计 87 条有效反馈意见，占总意见数的比例为 60.38%。

编制组于 2014 年 7 月 21 日召开第十次全体工作会议，针对所收集的意见进行了逐条讨论，在此基础上，进一步完善了标准，为送审稿的形成打下了良好的基础。

2.3 标准的指标框架

2.3.1 建筑用能指标的分类

关于建筑用能的分类，发达国家常见的做法是将建筑用能分为住宅用能和公共建筑用能，如美国的能源信息署（U. S. Energy Information Administration）、日本的能源经济研究所（Institute of Energy Economics，Japan）等。发达国家的这种分类方式，是基于其建筑实际用能情况来的。而对于中国，由于地域辽阔、气候复杂、地区经济水平差异大等原因，有必要根据我国建筑能源实际消耗的特点，对我国建筑进行合理分类。这样有利于清楚地认识中国各类建筑能耗的特点与发展趋势，从而有针对性地开展节能工作。

根据我国的建筑能耗特点，将我国的城镇根据气候特点分为"集中供热区"和"非集中供热区"。集中供热区主要为：黑龙江、吉林、辽宁、内蒙古、北京、天津、河北、青海、甘肃、山西、宁夏、新疆、山东、河南、陕西秦岭以北地区，15 个省区市的全部或部分地区。在"集中供热区"的城镇冬季供暖是以大规模集中供热方式为主，热电联产热源和 80 蒸吨以上大型锅炉热源为 70% 以上的城镇建筑提供供暖热量。而其他包括西藏、川西、贵州省部分地区等寒冷地区，尽管冬季也需要供热，但由于能源、环境和气候特点，不适合大规模集中供热，并且目前的主要供暖方式也是以单户、单栋建筑或单独小区为基本单元的分散的和小规模的供热方式，所以划归为"非集中供热地区"。

集中供热地区的建筑能耗中，供热能耗占当地建筑总能耗的一半以上。但是由于这种大规模集中供热的模式，供热系统是由各类不同的供热企业负责运行，供暖能耗的高低既和建筑保温水平有关，又与供热和热源系统形式有关，更与供热企业的运行水平相关。并且，实际的供暖能耗数据大多掌握在各个供热企业中，大多数末端用户无法获取其供暖能耗。鉴于这一现实，对集中供热区的建筑能耗，需要把供暖能耗分开单独考核与管理。这样如图 2-2 所示，我国城镇建筑能耗就要分为"集中供热区"和"非集中供热区"。

对于集中供热区，建筑能耗包括：冬季供暖能耗，住宅建筑除冬季供暖能耗之外的其他能耗（简称北方住宅其他能耗），商业和公共建筑除冬季供暖能耗之外的其他能耗（简称北方公建其他能耗）。这样，在谈及集中供热区的住宅全部能耗时，应包括住宅供暖能耗和除供暖外的其他能耗；在谈及集中供热区的商业和公共建筑能耗时，应包括这些建筑的供暖能耗和除供暖能耗外的其他能耗。

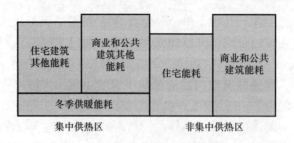

图 2-2　我国城镇建筑能耗构成

对于非集中供热区，建筑能耗就只分为住宅能耗、商业与公共建筑能耗。这里的住宅能耗包括冬季供暖（一般为分户方式）能耗和除供暖能耗外的其他能耗；这里的商业与公建能耗包括冬季供暖（一般为分栋方式）能耗和除供暖能耗外的其他能耗（图 2-3）。

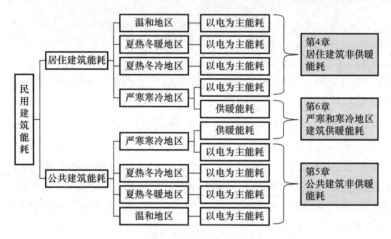

图 2-3　民用建筑能耗指标分类汇总图

综合以上，考虑到我国南北地区冬季采暖方式的差别、城乡建筑形式和生活方式的差别，以及居住建筑和公共建筑人员活动及用能设备的差别，我国建筑用能可以分为北方城镇采暖用能、城镇住宅用能（不包括北方地区的采暖）、公共建筑用能（不包括北方地区的采暖），以及农村住宅用能四类。

1. 北方城镇采暖用能

指的是采取集中供热方式的省、自治区和直辖市的冬季采暖能耗，包括各种形式的集中采暖和分散采暖。地域涵盖北京、天津、河北、山西、内蒙古、辽宁、吉林、黑龙江、山东、河南、陕西、甘肃、青海、宁夏、新疆和西藏的全部城镇地区，以及四川的一部分地区。

将该部分用能单独考虑的原因是，北方城镇地区的采暖多为集中采暖，包括大量的城市级别热网与小区级别热网。与其他建筑用能以楼栋或者以户为单位不同，这部分采暖用能在很大程度上与供热系统的结构形式和运行方式有关，并且其实际用能数值也是按照供热系统来统一统计核算的，所以把这部分建筑用能作为单独一类，与其他建筑用能区别对待。

目前的供热系统按热源系统的形式及规模分类，可分为大中规模的热电联产、小规模的热电联产、区域燃煤锅炉、区域燃气锅炉、小区燃煤锅炉、小区燃气锅炉、热泵集中供热等集中供热方式，以及户式燃气炉、户式燃煤炉、空调分散采暖和直接电加热等分散采暖方式。使用的能源种类主要包括燃煤、燃气和电力。本章考察各类采暖系统的一次能耗，即包括了热源和热力站损失、管网的热损失和输配能耗，以及最终建筑的得热量。

2. 城镇住宅用能（不包括北方地区的采暖）

指的是除了北方地区的采暖能耗外，城镇住宅所消耗的能源。从终端用能途径上，包括家用电器、空调、照明、炊事、生活热水，以及夏热冬冷地区的省、自治区和直辖市的冬季采暖能耗。城镇住宅使用的主要商品能源种类是电力、燃煤、天然气、液化石油气和城市煤气等。

夏热冬冷地区的冬季采暖绝大部分为分散形式，热源方式包括空气源热泵、直接电加热等针对建筑空间的采暖方式，以及炭火盆、电热毯、电手炉等各种形式的局部加热方式，这些能耗都归入此类。

3. 商业及公共建筑用能（不包括北方地区的采暖）

这里的商业及公共建筑泛指除了工业生产用房以外的所有非住宅建筑。除了北方地区的采暖能耗外，建筑内由于各种活动而产生的能耗，包括空调、照明、插座、电梯、炊事、各种服务设施，以及夏热冬冷地区城镇公共建筑的冬季采暖能耗。公共建筑使用的商品能源种类是电力、燃气、燃油和燃煤等。

4. 农村住宅用能

指农村家庭生活所消耗的能源。包括炊事、采暖、降温、照明、热水、家电等。农村住宅使用的主要能源种类是电力、燃煤和生物质能（秸秆、薪柴）。其中的生物质能部分能耗不纳入国家能源宏观统计。

由于农村经济水平薄弱，农村建筑节能工作体系，与城镇还有差异。农村住宅由农民自己建造，农村用能水平明显低于城镇，因此，在本《标准》中居住建筑主要针对城镇住宅。

2.3.2　建筑用能指标的选取

1. 城镇供暖用能指标

北方地区以集中供热为主要供暖方式，热量由热源通过供热管网输送到各个建筑中。北方供暖用能与建筑、管网、热源三个环节相关。

本《标准》北方供暖能耗指标体系包括了建筑耗热量指标、建筑供暖输配系统能耗指标（包括管网热损失率指标和管网水泵电耗指标）、建筑供暖系统热源能耗指标以及建筑供暖能耗指标。

2. 公共建筑用能指标

按照国际通用的惯例，由于公共建筑体量大小差异巨大，用能量受建筑面积影响明显，用能指标无法按照楼栋给出。因此，能耗指标以单位面积给出。

3. 居住建筑用能指标

住宅用能具有十分明确的以户为单位的特性，住宅能耗指标针对"户"进行约束更有效，因此住宅能耗指标以户为单位给出。

2.4　标准的编制方法

2.4.1　居住建筑非供暖能耗

目前，居住建筑使用的能源主要包括电、燃气等，故居住建筑能耗指标包括电耗指标和燃气消耗指标。考虑到目前国家已经执行阶梯电价制度，居住建筑电耗指标的确定充分参考了阶梯电价的成果。

居住建筑部分的编制主要按以下方法进行：

（1）居住建筑能耗指标按气候分区，分别给出严寒地区、寒冷地区、夏热冬冷地区、夏热冬暖地区与温和地区的指标。

（2）居住建筑能耗指标只给出约束值，不制定引导值。居住建筑电耗约束性指标值，能够覆盖本区域内80％以上居民的年均用电量，即保证满足居民基本用电需求；居住建筑燃气消耗约束性指标值，能够覆盖严寒地区90％以上居民用户的用气量，确保居民基本用气需求。

（3）居住建筑的能耗指标以住户为计算单元。主要是考虑到居住建筑用能具有十分明确的以户为单位的特性，能耗指标针对"户"进行约束更有效。

（4）居住建筑的耗电指标包括每户自身的耗电量和公共部分分摊的耗电量两部分的总和。其中，每户自身的耗电量归纳了各个省市阶梯电价第一档的上限值，每个气候区主要取值接近能耗较高的大城市。同时，考虑住宅公共部分电耗和住宅除燃气外的非电能耗所占的比例，综合分析得到。

（5）居住建筑能耗指标是主要依据经济较为发达的城市来取值。这主要考虑到本《标准》是国家标准，是最低的标准，不可限制太严格，这样各个地区可以根据自己的实际情况再作更加细致和严格的规定，从而符合各地的节能需要。

2.4.2 公共建筑非供暖能耗

公共建筑用能虽以二次能源电耗为用能主体，且仍包括一定份额的天然气、油等其他种类的一次能源，需进行相应的折算。本《标准》明确规定不同能源形式按等效电法进行折算，故公共建筑以单位建筑面积综合电耗作为指标。

（1）根据公共建筑能耗的差异性，将全国分为四个气候分区，即严寒及寒冷地区、夏热冬冷地区、夏热冬暖地区与温和地区，分别以北京、上海、深圳与广州等作为上述气候分区的代表城市，以其能耗数据编制公共建筑能耗指标。

（2）公共建筑分为办公建筑、商场建筑以及宾馆酒店建筑。其中，办公建筑再细分为国家机关办公建筑与非国家机关办公建筑，商场建筑再细分为百货店、购物中心、大型超市、餐饮店与一般商铺，宾馆酒店建筑再细分为三星级及以下、四星级与五星级。将分别按上述细分类确定能耗指标。

（3）针对每一细分类公共建筑，根据其是否能充分利用自然通风将其分为A类与B类。

本《标准》所指的A类公共建筑是指在过渡季节，可以通过开启外窗等方式，利用自然通风，达到室内温度舒适要求，从而减少空调系统开启运行的时间，进而减少能源消耗的公共建筑。

本《标准》所指的B类公共建筑是指因建筑功能限制（如博物馆、影剧院等特殊功能建筑以及展览馆、体育馆等超大空间建筑）或建筑物所在周边环境的制约（如噪声严重区域等）或已建成的既有公共建筑，在过渡季节，不能通过开启外窗等方式利用自然通风，而需常年依靠通风、空调系统等机械方式，以达到室内温度舒适要求的公共建筑。

应根据公共建筑的所属气候区、建筑功能及A/B类型进行针对性的能耗管理。新建公共建筑一般按 A 类公共建筑进行能耗管理，应严格控制 B 类公共建筑的数量；既有公共建筑应根据其实际情况，先确定其 A/B 类型后，再按对应的公共建筑类型进行能耗管理。

（4）在确定公共建筑能耗指标的约束值和引导值时，分别以北京、上海、深圳与广州等作为严寒及寒冷地区、夏热冬冷地区与夏热冬暖地区的代表城市，以上述城市历年开展的建筑能耗统计、能源审计数据为基础进行分析。采用的主要方法为排序法（排序法是一种能将一串数据依照特定方式排序的算法。最常用到的排序方式是数值顺序。简单地说，就是将一连串数据按从大到小或从小到大的顺序进行排列，再根据排列的结果以及所研究对象的特点确定所要的结论）。

采用排序法确定建筑能耗指标值时，具体做法如下：

① 将该类型公共建筑能耗强度指标（即单位面积能耗）按从大到小的顺序进行排列。

② 通过测算，当公共建筑的能耗强度维持在当前强度的平均值时，基本能实现我国在 2020 年将建筑能耗总量控制在 11 亿 tce 的目标，故取每一类型公共建筑的平均值作为约束值，而取下四分位能耗值作为引导值（图 2-4）。

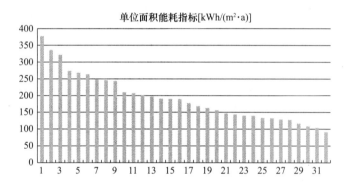

单位面积能耗指标[kWh/(m²·a)]

图 2-4　深圳市四星级宾馆酒店（B 类）建筑用能强度分布示意图（排序法）

注意到在数据基础方面，温和地区的公共建筑能耗审计数据仍较为缺乏，编制组通过先对少量样本数据的分析，再根据温和地区办公建筑（通常无空调能耗）的实际用能特点，采用技术测算法进行合理的测算，并将测算结果与温和地区典型建筑进行对比修正，最终确定了温和地区办公建筑能耗指标的约束值与引导值。

（5）当公共建筑实际使用强度偏离标准使用强度时，可依据修正公式对公共建筑能耗指标实测值进行修正，得到能耗指标修正值。办公建筑可依据年使用时间与人均建筑面积，宾馆酒店建筑可依据入住率与客房区建筑面积比例，商场建筑可依据使用时间按照本《标准》中确定的公式（5.2.1）～公式（5.2.5）进行修正。

2.4.3　严寒和寒冷地区建筑供暖能耗

建筑供暖系统能耗指标包括：建筑耗热量指标、建筑供暖输配系统能耗指标（包括管网热损失率指标和管网水泵电耗指标）、建筑供暖系统热源能耗指标和建筑供暖能耗指标。

（1）建筑耗热量指标是指为满足冬季室内温度舒适性要求，在一个完整供暖期内需要向室内提供的热量除以建筑面积所得到的能耗指标，按照北方地区省会城市给出。该指标用以考核建筑围护结构本身的能耗水平及楼内运行调节状况。《民用建筑节能设计标准（居住采暖部分)》（二步节能）的建筑耗热量水平是约束值的确定依据，《严寒和寒冷地区居住建筑节能设计标准》（三步节能）的建筑耗热量水平是引导值的确定依据。约束值是既有建筑是否进行节能改造的判断依据，引导值是新建建筑是否符合节能设计标准的判断依据。

（2）管网热损失率指标是指管网热损失指标除以热源供热量指标得到的比例，按照建筑供暖系统类型给出。约束值根据实际管网热损失测试的平均水平给出。引导值是在约束性指标值的基础上降低50%。

（3）管网水泵电耗指标是指一个完整供暖期内供热管网水泵输配电耗除以建筑面积得到的指标，按供暖期长度给出。管网水泵电耗指标约束值确定，是以近年来我国开展的热力站管网水泵能耗统计、能源审计等工作所收集的能耗数据为编制基础，采用统计分析法中的排序法分析得到的；管网水泵电耗指标引导值确定，是在约束值的基础上采用节能改造措施后所能达到的数值。

（4）建筑供暖系统热源能耗指标为全年热源供热所消耗的能源与供热量的比值，用于评价热源全年的平均供热效率。供暖系统热源能耗指标的约束值是由以近年来开展的不同热源（热电联产、燃煤锅炉、天然气锅炉等）能耗统计、能源审计等工作所收集的能耗数据为编制基础，采用统计分析法中的排序法分析得到的。引导值是根据各类热源的特点，采用节能措施后所能达到的数值。

当采用集中供热方式时，其热源能耗为热源消耗的实物能源量（燃煤、燃气）再加上或减去系统消耗的或产生的电力。因为燃煤燃气量占总能源消耗量的50%以上，所以根据所使用的主要能源种类的不同，把供暖能耗统一折算为燃煤或燃气。也就是把产生出的电力或消耗的电力折合成燃煤或燃气，加入供暖能耗中或从供暖能耗中减去（当采用热电联产热源时）。当使用燃煤作为主要能源来源时，应采用全国平均发电煤耗作为折算系数（目前可使用320gce/kWh电）；当使用燃气为主要能源来源时，应采用全国燃气发电的平均气耗作为折算系数（目前可使用0.2m³标气/kWh电）。在集中供热区的城镇采用电采暖方式（包括各类热泵方式）时，应把所消耗的电力按照发电煤耗（320gce/kWh电）折合为标煤，计入供暖能耗。

（5）建筑供暖能耗指标是指一个完整供暖期内供暖系统所消耗的能源量除以建筑面积所得到的能耗指标，包括在供暖热源所消耗的能源和供暖系统水泵输配电耗。该能耗指标的约束值和引导值是在上述建筑耗热量指标、建筑供暖输送系统能耗指标和建筑供暖系统热源能耗指标的约束值和引导值的基础上计算所得。

2.5 标准的数据基础

本《标准》主要以近年来我国开展的建筑能耗统计与能源审计等工作所收集的建筑能耗数据为编制基础，同时充分参考了已实施的居民阶梯电价制度。其中，建筑能耗统计数据主要为住房和城乡建设部科技发展促进中心所收录的全国各地逐年上报的建筑基本信息与建筑能耗信息；能源审计数据主要为北京、上海、广东、深圳以及陕西等省市历年来开展能源审计工作所收集的基础数据。具体情况如下：

（1）建筑能耗统计数据方面。住房和城乡建设部于2007年起确定在北京、上海、天津、深圳等23个城市试行民用建筑能耗统计报表制度。目前，已推广至全国范围内统计大型公共建筑和 2000m² 以上的国家机关办公建筑，79 个城市统计居住建筑和中小型公共建筑（表 2-1）。

我国建筑能耗统计信息汇总表　　　　　　　　　　　　　　表 2-1

年度	建筑基本信息（栋）	建筑能耗信息（栋）	锅炉房（个）
2007 年	181763	61960	1230
2008 年	179319	51988	941
2009 年	288652	93658	3021
2010 年	25492	19021	2072
2011 年	297617	79351	1836

本次分析的数据全部来自 2011 年全国民用建筑能耗统计数据。

截至目前全国共有 29 个省市自治区上报完成了 2011 年度的民用建筑能耗统计信息，共上报居住建筑 55301 栋，公共建筑 24051 栋。各省市自治区的统计情况汇总如表 2-2 所示。

各省市自治区建筑能耗统计信息汇总表　　　　　　　　　　表 2-2

序号	代码	行政区划	居住建筑数量	公共建筑数量
1	11	北京	923	701
2	12	天津	1468	698
3	13	河北	779	778
4	14	山西	52	96
5	15	内蒙古	—	52
6	21	辽宁	—	16
7	22	吉林	5	556
8	23	黑龙江	—	5
9	31	上海	12382	5658
10	32	江苏	1003	1011
11	33	浙江	31	638
12	34	安徽	—	34
13	35	福建	4527	963
14	37	山东	1537	2288
15	41	河南	599	1368
16	42	湖北	2	430
17	43	湖南	341	896
18	44	广东	23291	2222
19	45	广西	37	246
20	46	海南	153	419
21	50	重庆	1627	925
22	51	四川	3048	861
23	52	贵州	14	36
24	53	云南	828	858
25	61	陕西	35	648
26	62	甘肃	1396	713
27	63	青海	280	357
28	64	宁夏	—	4
29	65	新疆	943	574
合计			55301	24051

（2）建筑能源审计数据方面。依据《国家机关办公建筑和大型公共建筑能源审计导则》，各地于 2008 年陆续开展建筑能源审计工作。本《标准》制定主要依据的公共建筑能耗审计数据如下：北京 30 栋（中国建筑科学研究院提供）、上海 710 栋（上海建筑科学研究院提供）、广东省 1636 栋（广东省建筑科学研究院提供）、深圳 559 栋（深圳市建筑科学研究院提供）与陕西省 84 栋（陕西省建筑科学研究院提供），共计 3019 栋。

（3）居民阶梯电价制度参考方面。根据国家发展改革委印发的《关于居民生活用电试行阶梯电价的指导意见》中的阶梯电价要求，全国除去新疆和西藏两个自治区外的 29 个省、直辖市、自治区，相继制定了居民阶梯电价具体实施细则，并于 2012 年 7 月 1 日起实施。本《标准》在制定居住建筑能耗用电指标时，重点参考了上述已实施阶梯电阶地区的第一档电量数据。

2.6　与现行标准的关系

2.6.1　从目标层次完善现行节能标准体系

建筑节能是一个系统工程，仅从技术上就涉及建筑材料、建筑设备、仪器仪表等的生产、选用、运行、管理，包括制冷、采暖、热水、照明、动力等多专业学科，贯穿建材生产、建筑设计、施工以及建筑物运行等多个环节。

建筑节能工作开展之初，我国尚未发布建筑节能标准体系，从国家到地方，建筑节能标准均是根据当时节能工作的具体需求而单独确定。"十一五"期间，建设部标准定额研究所等单位对建筑节能标准体系进行了系统、深入的研究，提出了我国建筑节能标准体系。该研究明确了建筑节能标准体系的形式、标准体系层次，所提出的建筑节能标准体系的总体框图如图 2-5 所示。

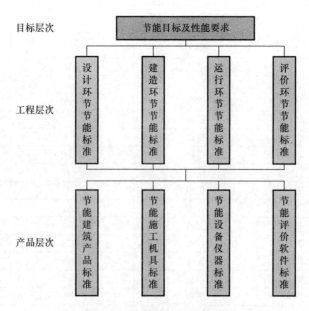

图 2-5　我国建筑节能标准体系框图

　　由图 2-5 可知，目标层次中的标准将提出对各气候区域中各类型建筑的总体节能目标要求。本《标准》属于目标层次，建筑设计与建筑建造（施工）、运行及评价环节的标准共同属于工程层次的标准体系当中；工程层次中的标准将利用一个或多个专业的技术，以完成目标层次标准提出的要求为最大目的；而产品层次中的标准是对上层次标准中为达到目标要求而采取的技术措施所可能涉及的材料、设备、制品、构配件、机具等作出的规定。

　　建筑节能工作开展至今，可以认为我国民用建筑节能标准体系已基本形成。但从另外一个角度来看，目前我国的建筑节能标准体系已基本覆盖了工程层次到产品层次的标准，涵盖了建筑设计、建造、运行和评价环节，但尚缺乏真正意义上目标层次的建筑节能标准。本《标准》正是这一空白的有利补充。

2.6.2　以结果导向转变节能标准管控方法

　　实际建筑的运行能耗与建筑和机电系统的设计有关，与施工质量和机电设备质量有关，更与建筑的运行管理水平及使用者的使用方式有关。要实现降低建筑能耗的目标（即"结果节能"），必须从上述三个方面全面入手。本《标准》给出的是最终的建筑节能目标，给出了什么是真正实现了建筑节能，怎样考核我们的建筑节能工作。本《标准》并不涉及如何实现建筑节能，不涉及建筑节能的各相关技术与措施。我国已经建立了系统的《严寒和寒冷地区居住建筑节能设计标准》JGJ 26、《夏热冬冷地区居住建筑节能设计标准》JGJ 134、《夏热冬暖地区居住建筑节能设计标准》JGJ 75 以及《公共建筑节能设计标准》GB 50189，这些标准作为技术规范性标准，给出了建筑设计和机电系统设计中实现建筑节能目标的主要措施。即将完成的建筑施工验收标准和建筑节能运行管理标准将规范建筑施工验收和建筑运行管理这两个环节中实现建筑节能的技术条件和主要措施。全面实施上述技术标准是能够实现本《标准》目标的基本保证。

　　建筑设计标准、施工验收标准和运行管理标准给出了"怎么办"，本《标准》则给出了最终的效果。该标准的制定，是在健全我国建筑节能标准体系的同时，实现对建筑用能终端的节能监管，体现结果导向控制的原则与要求，真正实现建筑节能定量化管理的要求。建筑节能标准体系是一个有机的整体，本《标准》中节能目标的制定必须以现行的节能设计、施工、运行等环节的节能标准为基础，所确定的节能目标也需要各个环节的节能标准作为有力的保障。同时，各个环节的节能标准实施的最终效果也应通过本《标准》来体现。

　　由此，可看出本《标准》与建筑节能设计标准以及其他相关环节的节能标准是相辅相成、统一协调的，二者之间并不矛盾。深入开展建筑节能工作，既需要继续开展"过程控制"，同时又需要加强"结果控制"，实现"过程"与"结果"的协调统一。

2.6.3　推动节能标准从能效转向能耗控制

　　关于节能设计，《公共建筑节能设计标准》GB 50189 和《夏热冬冷地区居住建筑节能设计标准》JGJ 134 体现了提高建筑能效的思想；在实际运行过程中，运行管理人员更多地根据由计量仪表直接获得的能耗数据来判断是否节能、是否需要进一步改进，而节能服务公司也主要依据实际检测的能耗对建筑进行节能改造或调节。能耗和能效对于建筑节能工作的开展具有重要的指导意义。

能耗与能效的差异，在于建筑能耗是在千差万别的实际运行和使用方式下产生的，在建筑运行阶段具有真实意义；建筑能效是在某种标准运行和使用方式下作出的能源使用情况的评价，在设计阶段及实际运行过程中都可以进行分析。但由于实际运行时使用方式及外界条件的必然变化，能效不存在一个固定的实际值，则设计能效不可能代表实际运行能效。因此，建筑能效和能耗分别适用于设计和运行阶段。在设计阶段，能效有助于设计者确定各项技术参数及相应措施；而在运行阶段，能耗可以评价设计与运行共同作用的效果。实测数据表明，实际运行时的空调或供暖能耗往往低于设计标准工况下计算的空调或供暖能耗，其主要原因是实际运行和使用方式与标准工况存在明显差异。设计阶段的"高能效"不等同于实际运行的"低能耗"，高能效的技术解决了在其运行模式下的节能需求，而由于实际运行和使用方式的复杂性，设计的"高能效"不足以作为运行节能的衡量依据（图2-6）。

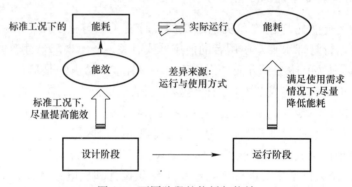

图2-6　不同阶段的能耗与能效

从节能的目标出发，设计阶段注重提高标准工况下的建筑能效，在实际运行情况可能出现的条件下，尽可能地通过采用高能效的技术以保障节能，是符合该阶段实际情况的追求节能的途径；而实际运行阶段，在由建筑和系统性能以及实际运行和使用方式共同作用下产生的实际建筑能耗，是衡量建筑是否节能直观的根据，降低实际能耗应是该阶段节能的重要目标。总之，对不同的阶段进行节能评价时，两者并不能相互替代。从概念分析来看，设计阶段的"节能建筑"，所指的是在标准工况下能效高于一般建筑的建筑；而运行阶段的"节能建筑"，则是实际能耗强度低于一般建筑的建筑（图2-7）。

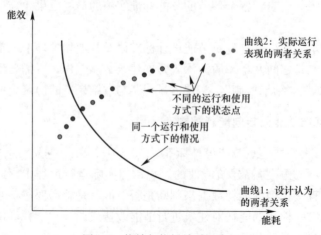

图2-7　能效与能耗关系示意图

因此，能效依然是建筑节能设计的重要指标，而能耗作为能够获取的实际运行数据，是本《标准》的核心。一方面，本《标准》以降低高能耗建筑的实际能耗值为目的，并结合我国当前建筑节能技术、经济、社会发展的需求，制定科学、合理、可操作性强的建筑能耗约束性指标，为国家宏观管理部门实施建筑用能限额管理提供关键技术支撑。另一方面，以建筑能耗约束性指标为基线，对于国家机关办公建筑和大型公共建筑等高能耗建筑实施强制性节能改造，实现以实际建筑节能效果为导向，严格控制建筑能耗增长。同时，考虑各种建筑节能技术的综合高效利用，制定可以实现建筑节能最佳效果的引导性指标，有利于引导和促进建筑节能技术的发展。通过政策的带动与技术的进步促进建筑节能相关产业的发展，为国家和地区制定中长期节能战略规划及相关政策提供数据基础和支撑。

2.6.4　实现与现行节能设计标准协调互补

2.6.4.1　与节能设计标准协调互补

本《标准》是以实际的建筑能耗数据为基础，制定符合我国当前国情的建筑能耗指标，强化对终端用能强度的控制与引导。在我国建筑节能工作的"过程节能"的基础上，通过确定建筑能耗指标，以牵引与规范建筑实际运行与管理行为，以达到降低建筑物的实际运行能耗的最终目的，即"结果节能"，从而达到进一步完善、补充我国建筑节能标准体系，最终实现建筑节能目标的目的。

建筑设计是影响建筑用能的一个重要环节。现行的节能设计标准从本质上来讲是通过建筑朝向、窗墙面积比、体形系数、围护结构热工性能以及用能设备性能的规定来提升设计阶段的节能设计水平，从而为建筑节能目标的实现打下良好的基础。从本质上讲，二者应是相辅相成、统一协调的。但这二者之间的关系却确实引起人们的"关注"与"热议"。其原因在于我国建筑节能标准的制定最早是从设计阶段开始抓起的，逐步扩展到建筑施工、运行与评价环节。在制定建筑节能设计标准时，提出了节能30%、节能50%以及节能65%或更高的节能目标。同时，在节能设计标准中也给出了达到上述节能目标的一个理论建筑能耗指标，且在以往的节能工作考核中，由于缺乏实际建筑能耗基础数据，往往直接采用了这个理论计算值作为节能工作的成效。而这个理论计算与本《标准》中所需确定的能耗指标必然会存在差异，也就产生了"讨论"。

需要说明的是，建筑能耗标准与节能设计标准的关系，实际上与建筑能耗标准与建筑节能施工、运行等过程环节的标准之间的关系相比并没有什么特别之处。之所以出现看似"矛盾"的地方，并不在于标准本身，而在于"不恰当的使用上"。此前，由于建筑能耗基础数据以及建筑能耗标准的缺失，使得建筑节能设计标准承担了超出其原本定位的责任，而解决这一困难的方法正是在近年来建筑能耗基础数据收集工作的基础上，促进建筑能耗标准的出台，使其各司其职，各担其责。

2.6.4.2　建筑能耗指标约束值与引导值

建筑能耗指标约束值是强制性指标值，为建筑实现使用功能所允许消耗的建筑能源数量的上限值，该指标为当前建筑能耗的基准线值，是综合考虑了各地区当前建筑节能技术、社会发展的需求，以降低高能耗建筑的能耗为目的而确定的相对合理的建筑能耗指标值；建筑能耗指标引导值是非强制性指标值，反映了建筑节能技术的最大潜力，代表了今后建筑节能的发展方向，是考虑各种建筑节能技术的综合高效利用，充分实现了建筑节能效果的建筑能耗指标值。

从发展历史来看，中外都经历了一个能效提升而能耗也增长的过程。当前发达国家的建筑能效整体水平高于我国平均水平，而其建筑能耗强度仍明显高于我国。促使建筑能耗增长的主要原因是建筑的运行和使用方式的不断变化。自20世纪80年代我国开始开展建筑节能工作以来，我国建筑能效明显提高，而能耗增长的主要动力为生活水平的改善。相比较而言，如图2-8所示，发达国家建筑发展过程中，由原来类似我国当前的运行和使用方式，逐步变化为24小时使用空调和供暖。物质消费文化刺激了人们的消费需求，改变了人们的生活方式，使得能源消费的需求增加。从现状来看，发达国家的消费模式和文化一旦形成，很难大幅调整建筑运行和使用方式，未来只有依靠进一步提高建筑能效来降低能耗。而我国未来仍可以通过引导合理的运行和使用方式，同时提高与之相适应技术的能效，实现不同的建筑用能发展道路。

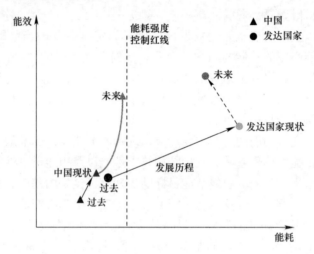

图 2-8 能耗与能效的发展与未来

因此，基于建筑能耗总量控制的原则，并从我国今后城镇化发展的速度和能源供求状况来看，应尽量避免建筑的运行和使用方式参照发达国家模式发展，未来的建筑能耗强度必须维持在目前水平，这应该作为建筑节能工作的长远目标。建筑能耗约束性指标的制定正是以符合建筑能耗总量控制要求为依据，以实现我国建筑能耗强度维持在目前水平的目标。同时，建筑能耗引导性指标还可为国家和地区制定中长期节能战略规划及相关政策提供数据基础和技术支撑，有利于引导和促进建筑节能技术进步和高能效建筑节能环保产品的研究与开发、新能源的应用等，带动建筑节能相关产业发展，实现未来经济增长。在人均建筑能耗强度不到发达国家1/3甚至1/4的情况下，满足人们的各项生活和工作需求，实现我国建筑节能的整体目标。

2.6.4.3　与其他相关标准在建筑中的协同应用

对于新建建筑，本《标准》是建筑节能的目标，用来规范和约束设计、建造和运行管理的全过程。本《标准》给出的引导值，应作为新建建筑规划时的用能上限值。规划、设计的各个环节都应该对用能状况进行评估，要保证实际用能不超过这一上限。对于申报绿色建筑设计标识的建筑，除满足《绿色建筑评价标准》GB/T 50378要求外，还应满足本

《标准》约束值，并尽可能满足或优于引导值。即将出台的验收标准将给出如何在验收过程中通过试运行的方式预测实际可能的运行能耗，也应要求不超过本《标准》给出的约束值。在建筑竣工后投入正式运行时，本《标准》给出的约束值则可作为该建筑运行的用能额定值，从而实施用能总量管理。

对于既有建筑，本《标准》给出了评价其用能水平的方法。当实际用能量高于本《标准》给出的用能约束值时，说明该建筑用能偏高，需要进行节能改造；当实际用能量位于约束值和引导值之间时，说明该建筑用能状况处于正常水平；当实际用能量低于引导值时，说明该建筑真正属于节能建筑。对于申报运行阶段绿色建筑标识的建筑，除满足《绿色建筑评价标准》GB/T 50378 要求外，其实际用能水平也应满足本《标准》约束值，并尽可能满足或优于引导值。《绿色建筑评价标准》GB/T 50378 规定了多项节能技术措施，对围护结构节能和机电系统节能技术措施的实施进行了要求，但由于建筑运行的实际能源消耗状况还同时与建筑运行方式和建筑使用者的行为模式密切相关，出现了相当一批获得绿色一星、二星、三星认证的绿色建筑的实际运行能耗高于没有获得绿色建筑标识的同类建筑，违背绿色建筑倡导的"四节一环保"理念。因此，绿色建筑评价过程中，可结合本《标准》对建筑实际运行能耗指标的定量控制，引导重视建筑运行节能，避免技术堆砌，通过绿色建筑运行评价标识认证更好地促进我国绿色建筑发展。

另外，当实行建筑用能限额管理或建筑碳交易时，本《标准》给出的约束值可以作为用能限额及排碳数量的基准线参考值，也可为超限额加价制度的实施以及对超额碳排放实施相应的约束措施提供依据。

2.7　与国外标准的对比

2.7.1　中外建筑能耗对比

建筑能耗是终端能源消耗的重要组成部分，国际能源署（International Energy Agency，IEA）指出，建筑能耗占世界终端能耗总量的 35%，是最大的终端用能部门。由于国家发展程度和模式不同，建筑能耗在各国的比例不一样。图 2-9 是直接引用 IEA 的终端能

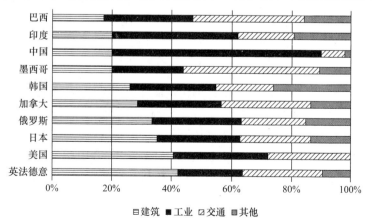

图 2-9　各国终端能源消耗比例

耗数据比例，可以看出，发达国家如美国、欧洲四国（英法德意）和日本，建筑能耗占终端能耗的比例近40%；而中国建筑能耗仅占终端能耗的20%，工业能耗所占的比例大大高于世界其他国家，这是由我国是制造业大国所决定的。

能耗比例受国家产业结构的影响，终端能耗比例不能体现各国建筑能耗强度的相对关系。

2.7.2 中外建筑能耗数据及内容比较

经济较发达的国家或地区都有对其能源消耗用途和能源类型进行统计分析并公布，拥有比较细致、全面的数据，如美国能源信息署（U.S. Energy Information Administration，EIA）和日本的能源经济研究所（The Institute of Energy Economics，Japan，IEEJ），都直接给出了建筑能耗量。中国国家统计局按照不同行业给出了终端能源数据，并按照发电煤耗法和电热当量计算法给出了各行业的能耗数据，建筑能耗未单独列出，而是包括了中国能源平衡表中的"生活消费"（主要为城镇和农村住宅用能），"批发、零售业和住宿、餐饮业"以及"其他"（主要为公共建筑用能），以及"交通运输、仓储和邮政业"中的一部分（属于公共建筑用能）。为了充分尊重各国实际情况，在进行对比时，尽可能采用其本国的数据来源（中国的数据采用CBEM分析计算值）。

由于各国对建筑能耗数据内容的定义和表达不同，在进行建筑能耗对比前，应分析清楚不同数据源所指代的建筑能耗的含义，以避免含义不清的情况下对比得出偏颇的结论。

建筑能耗数据包含的内容，是指建筑用能分类、建筑中用能项的种类以及能源类型。对于建筑中用能项的种类，均包括了建筑中所消耗的照明、采暖、空调、设备以及热水等各个终端项；建筑用能分类主要包括公共建筑和居住建筑；而能源类型包括电、燃气、煤和LPG，其中主要差别在是否包含生物质能（表2-3）。CBEM不包括生物质能的主要原因是，在中国生物质能并未像美国、日本和其他OECD国家普及为商品能源，绝大多数在农村由农民自用或直接焚烧，《中国统计年鉴》中能源的统计也未包括生物质能。

建筑能耗数据内容　　　　　　　　　　　　　表2-3

数据源	建筑用能分类	是否含生物质能
IEA	住宅（Residential）；公共建筑（Services）	是
EIA	住宅（Residential）；公共建筑（Commercial）	是
IEEJ	住宅（Residential）；公共建筑（Commercial）	是
CBEM	城镇住宅、农村住宅、公共建筑、北方城镇采暖	否

从表达方式来看，主要包括两方面：①建筑能耗数据是终端能耗还是一次能耗；②不同类型能源数据统计时采用部分替换法（Partial Substitution Method，适用于燃料发电量占较大比重的国家）还是实际含能量法（Physical Energy Content）（在《中国统计年鉴》中，分别对应"发电煤耗计算法"和"电热当量计算法"，表中用中国年鉴中采用的名词）（表2-4）。在进行建筑能耗总量统计时，一次能耗和终端能耗最大的差异来自于电力生产过程中的损耗，从这个认识来看，EIA将终端能耗加上发电损失作为一次能耗（见美国能源署每年发布的《建筑能耗手册》（Buildings Energy Data Book）），CBEM自下而上地计算出各项终端能源用量，统计时采用发电煤耗计算法计算电耗，近似为一次能耗。采用

发电煤耗法主要是由于中国是以火力发电为主的国家，建筑消耗大量的电力，如果按照热当量法进行统计，不能合理地体现我国建筑能耗在能源消耗中的影响。表 2-4 中还给出了各国能源数据的单位，在进行比较时需统一单位。

建筑能耗数据表达方式　　　　　　　　　　　　　　　　　　　　　　表 2-4

数据源	建筑能耗形式	电折算方法	单位	折标煤系数
IEA	终端能耗	电热当量法	10^6 吨标油（Mtoe）	0.7toe/tce
EIA	终端能耗＋发电损失（一次能耗）	电热当量法/直接相加	10^{15} 英热单位（Quadrillion Btu）	0.0278 Q Btu/tce
IEEJ	终端能耗	电热当量法	10^{10} 大卡（10^{10} kcal）	7×10^6 kcal/tce
CBEM	一次能耗	发电煤耗法	10^4 吨标煤（万 tce）	—

图 2-10 所示是各国公布的建筑能耗数据对比，为保证数据的可比性，同时可以从我国建筑能耗强度视角进行对比分析，建筑能耗数据采用一次能耗，并统计商品能耗，以标准煤为单位。

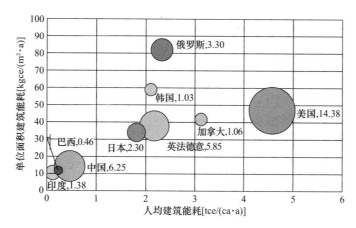

图 2-10　2010 年各国建筑能耗比较

注：①数据来源分别为：美国（EIA），日本（IEEJ），中国来自于 CBEM，其他国家能耗数据来于 IEA 发布的世界能源展望。②IEA 提供的各个发电一次能耗见下表，EIA、IEEJ 和中国国家统计局提供的数据见表中括号内的值。

国家	1kWh 电＝kgce	国家	1kWh 电＝kgce
美国	0.308（0.381）	俄罗斯	0.514
加拿大	0.213	中国	0.338（0.312）
英法德意	0.320	印度	0.383
日本	0.288（0.301）	巴西	0.161
韩国	0.332		

对比发现，无论是人均能耗还是单位面积能耗，美国都明显高于大多数国家；欧洲四国（英法德意）、日本和韩国的建筑能耗强度水平相对接近；俄罗斯单位面积能耗最高，而人均能耗与欧洲国家接近；除俄罗斯外，金砖国家的建筑能耗强度水平接近。

出现人均能耗强度与单位面积强度相对值差异的原因是各国的人均建筑面积不一样。以俄罗斯为例，人均建筑面积仅为 $28m^2$，而美国人均建筑面积近 $100m^2$，因此，尽管俄罗斯人均能耗强度大大低于美国，而其单位面积能耗高于美国（图 2-11）。

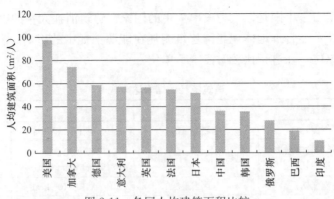

图 2-11　各国人均建筑面积比较

分析各类型建筑中的用能项，既有与人员相关的用能项，如热水、炊事和家电等，又有与面积相关的用能项，如照明、空调和采暖。因此，以单位面积或以人均为能耗指标，在表达能耗强度方面各有优劣，在对比能耗强度时，应注意其侧重点。IEA 在 2013 年 6 月专门围绕建筑能耗指标邀请世界各国专家进行讨论，分析了各种指标在表达能耗强度时的优劣，并提出了住宅中应按照户作为能耗指标，便于对能耗数据的正确理解。

2.7.3　住宅建筑能耗数据对比

相对于发达国家，中国、印度等发展中国家城乡发展水平有较大的差距。从建筑用能及相关因素分析，中国城镇和乡村住宅用能的差异主要表现在：

（1）建筑形式：中国城镇住宅以多层和高层住宅楼为主，而农村住宅通常为以户为单位的别墅型住宅，是适合农业生产方式的建筑形式（农宅有足够的空间供存放农具，且与耕地相邻）。

（2）用能类型：城镇居民用能类型主要包括电、燃气、液化石油气和煤，均为商品能源；而农村居民用能，还包括生物质能，如柴火、秸秆和沼气等非商品能，服务于炊事、生活热水和采暖。

（3）用能方式：由于经济水平差距和生产方式的影响，城乡住宅用能方式有所不同，如各类家电的拥有率、炊事的频率均有明显差异。

由于以上差别，应区分中国城乡住宅建筑用能进行分析，这里选择城镇住宅用能与各国进行对比。同时，住宅用能以家庭为单位，各个用能项目（如家电、炊事等）也具有以户为单位的使用特点，住宅能耗指标宜采用户均能耗强度。比较各国户均能耗和单位面积能耗强度，如图 2-12 所示。

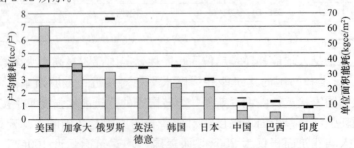

图 2-12　中外住宅建筑能耗对比（2010 年）

从户均能耗强度分析，可以大致分为三个水平：①美国户均能耗大大高于其他国家，超过 7tce；②其他发达国家住宅能耗强度水平接近，约在 2～4tce/户；③发展中国家户均能耗强度基本在 1tce 以下。从单位面积能耗强度分析，也存在三个能耗强度水平：美国等发达国家（俄罗斯除外）能耗强度约为 35kgce/m²；而俄罗斯单位面积能耗大大超过其他发达国家，分析来看，主要是由于其人均住宅建筑面积仅为其他发达国家的一半（图 2-13），而且俄罗斯气候寒冷，采暖需求远大于其他国家，也是其单位面积能耗高的原因；发展中国家单位面积能耗强度约为 15kgce/m²，户均和单位面积住宅能耗强度都明显低于发达国家。

发达国家与发展中国家用能水平的差异，一般可以认为是经济水平因素所致；而发达国家之间也存在高低不同，因此经济水平并不能完全解释住宅能耗强度的差异。但由于住宅使用与经济活动无任何直接关系，因此只能认为是由于经济水平高，导致人均收入高，从而住宅能耗高。而同样人均收入水平的国家住宅能耗的显著差别则只能由生活方式和住宅使用模式不同所造成。

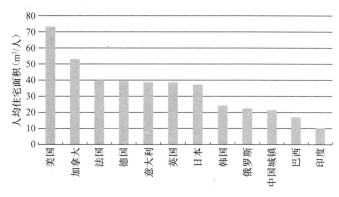

图 2-13　人均住宅面积对比

对比中外住宅用能强度可知，中国户均住宅能耗仅为美国的 15％，而单位面积能耗强度不到美国的一半。有专门针对中外住宅用能差异的研究指出，生活方式的不同是造成家庭用能差异的主要原因，同时，户均面积不同也使得照明、空调和采暖的需求有所差异。下面从各家庭能源使用种类和用能项的强度两个维度对比中外住宅用能的差异。

1. 各类能源用量对比

住宅中的商品用能包括电、燃气、煤和液化石油气等，通过用能类型比较发现，在 IEA 能耗数据统计体系中将热（heat）作为一种能源（主要满足采暖和热水的需求），在无法获得国外生产热的一次能源种类及用量的情况下，特别指出这里将“热”作为一次能源加入户用能中，与实际一次能耗存在差异。

由于各国的资源条件和家庭各用能项需求的差异，住宅中各类能源比例不同。可以发现，电（已折算为生产所需的一次能源）是住宅中主要的能源类型，约占住宅用能的 40％～70％；天然气在发达国家（日本除外）家庭中广泛使用；油品（如液化石油气、煤油等）在印度和巴西家庭中的比例较大；中国北方地区气候寒冷，热力（供暖）消耗约占家庭能源消耗的 41％（折算为一次能耗）；美国、加拿大和欧洲四国将生物质能商品化，在一定程度上满足了家庭用炊事或生活热水的用能需求，发展中国家还未将生物质能商品化，大量的生物质能通过直接焚烧或者在低效率的情况下使用，实际是对能源的浪费（图 2-14、图 2-15）。

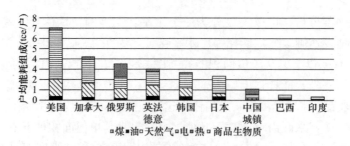

图 2-14　各国住宅商品能源户用能强度

注：图中热力消耗已折算到一次能耗。

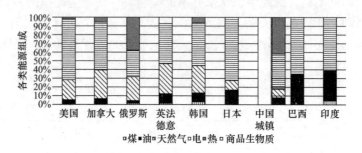

图 2-15　各国住宅商品能源户用能强度比例

2. 家庭用能项的能耗比较

参考 IEA、EIA、IEEJ 等对家庭用能项的分类，将住宅中的用能项分为照明、家电、空调、采暖、炊事和生活热水等六类。其中，照明、家电和空调主要使用电力；而采暖、炊事和生活热水用能的类型包括电、燃气、煤或者液化石油气（LPG）。在分析各类用能项的用能量时，仍采用一次能源比较。

比较各种终端用能项的户均能耗强度可以发现，美国各类家庭用能项户均能耗均明显高于其他国家，其最大的用能项是采暖，接着为家电和空调。炊事用能是家庭用能比例最小的部分，且各国炊事用能强度差别不大，除非出现大的炊事方式变革，炊事能耗不会成为建筑能耗增长的主要因素。而其他用能项均有较大的差异，如果不加以引导控制，都可能导致我国住宅建筑能耗显著增长。以空调能耗为例，美国户均空调电耗约 2000kWh，是中国该项能耗的 5 倍以上；而家电户均能耗是中国的近 7 倍，随着居民收入提高，家电拥有率继续提高，高能耗电器如烘干机、洗碗机等可能大量进入家庭，家电能耗将大幅增长（图 2-16）。

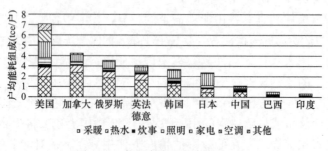

图 2-16　各国家庭用能项强度对比

需要说明的是，中国住宅能耗为城镇住宅用能，包括北方城镇住宅采暖能耗（折合到全国城镇户均为 0.46tce/户），采暖能耗约占到中国单元户能耗的 47%（包括夏热冬冷地区采暖能耗）。

2.7.4　公共建筑能耗数据对比

各国公建人均和单位建筑面积的用能状况见图 2-17。比较来看，俄罗斯和韩国公共建筑单位面积能耗最高，分别达到 150kgce/m² 和 110kgce/m²，考虑其有大量的供暖需求；中国公共建筑单位面积能耗最低，约 28kgce/m²；其他国家单位面积能耗强度约在 60～80kgce/m²。而印度的单位面积能耗强度高于加拿大和欧洲四国，从经济发展水平来看，难以理解这个能耗相对关系。

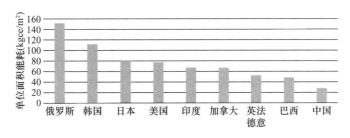

图 2-17　公共建筑用能强度及人均公共建筑面积对比

比较各国人均公共建筑面积，印度的人均公共建筑面积不到 1m²（如果考虑印度与中国同样有城乡二元差异的现象，城镇人均公共建筑面积也只有 2.2m²，与巴西水平接近），而美国的人均公共建筑面积达到 24m²。分析印度人均公共建筑较小的原因，可能是未统计某些功能的公共建筑（如中小学校、商铺等），而商业办公楼、商场等类型的公共建筑的建筑形式、系统形式和运行学习发达国家，导致其能耗强度与发达国家能耗水平接近（图 2-18）。

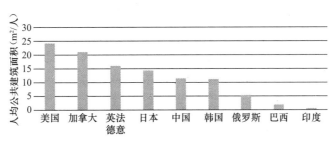

图 2-18　各国人均公共建筑面积

公共建筑功能类型种类较多（如办公、商场、酒店和医院等），由于功能差异，各类型公共建筑的用能特点不同，统计平均各个终端用能项的能耗，难以表征公共建筑能耗的实际用能特点，这里主要对比公共建筑用能强度。

2.7.5　中外采暖能耗数据对比

中国北方地区气候寒冷，有大面积的集中采暖，对比世界其他有采暖需求的地区发现，我国北方地区采暖能耗强度属于较低的水平。芬兰单位面积采暖能耗超过 60kgce/m²，而波兰、俄罗斯和韩国，采暖能耗约 30kgce/m² 。丹麦、加拿大和中国采暖能耗强度在 15～20kgce/m² 之间。分析来看，俄罗斯、中国、芬兰和丹麦都有大面积的集中采暖。集中采暖的一次能耗强度，与建筑需热量、输配能耗以及热力生产效率有关。由于供暖技术方式和水平以及气候条件的不同，造成各国采暖能耗差异（图 2-19）。

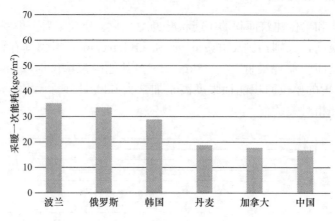

图 2-19　各国采暖能耗强度

2.7.6　中外建筑能耗指标对比

通过上述的分析可知，我国无论是人均还是单位建筑面积能耗水平都远低于欧美发达国家水平。在建筑能耗指标确定方面，本《标准》确定的各类型建筑能耗指标与欧美发达国家相比，究竟是高是低？下面将进行详细分析。

近年来，欧美发达国家提出了建筑节能领域的诸多新名词，如：

零能耗建筑；

近零能耗建筑，通常认为建筑年能耗强度应低于 30kWh/m²；

被动房建筑，即建筑采暖不再消费常规能源，仅依靠室内人员、设备等发热即可维持室内采暖需求，为北欧国家提出。

可以看出，本《标准》确定的建筑能耗指标离上述三类建筑仍有相当的距离。但考虑到，上述三类建筑可视为建筑节能工作的未来发展目标，甚至有可能是终极目标或接近终极目标。目前，欧美各国仍在深入探索如何实现上述目标，故现阶段尚不能大规模推广。因此，从现实性出发，现阶段我国的建筑能耗标准亦不能以此确定指标值。

目前，适用于与本《标准》作对比的是德国规定的采暖终端能耗限值、法国提出的 2015 年建筑能耗控制目标以及针对居民用电（如美国）制定的阶梯电价。

德国，目前规定新建建筑每平方米居住建筑的年采暖终端能耗小于 10L 油，由此可知，德国规定的新建建筑采暖能耗限值仍高于我国北方地区的供暖能耗平均水平，亦高于本《标准》规定的建筑供暖能耗指标值。

法国提出在 2015 年新建住宅建筑近零能耗标准为每年每平方米 50kWh 以下（因地区气候差异允许一定变量，位于东北部的住宅年均耗能 65kWh/m²，而西南部则要求年均耗能 40kWh/m²），新建办公建筑近零能耗标准为每年 110kWh/m²（因地区气候差异允许一定变量）。值得注意的是，这里所指的建筑能耗仅指采暖、空调及生活热水能耗，并不包括家电、办公等能耗。如图 2-20 所示。

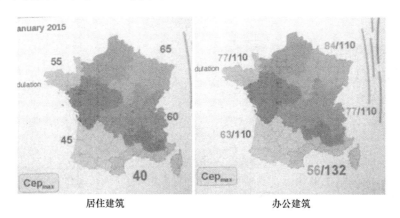

图 2-20 法国新建建筑 2015 年近零能耗标准

阶梯电价方面，为了节约能源，美国于 20 世纪 70 年代中期开始对居民户实行阶梯电价。但美国地域辽阔，各州经济社会发展水平、电力供求关系、资源条件、电源结构以及网架结构等均存在差异，因此不是所有的州都对居民户实行阶梯电价，实行居民阶梯电价的各州在电价机制设计上也存在差异。如新泽西州的阶梯电价简单明了，仅为两档，月用电量 600kWh 之内为第一档，超过 600kWh 为第二档。宾夕法尼亚州在 6～9 月的夏季实行阶梯电价。电量 500kWh 以内为第一档，超过 500kWh 为第二档。

综上所述，可得出以下主要结论：

(1) 本《标准》确定的各类型建筑能耗指标低于欧美发达国家的平均能耗水平，同时亦低于目前德国、法国等国家已确定的建筑能耗指标值，但距离零能耗建筑、近零能耗建筑等未来发展目标尚有一定的距离。

(2) 公共建筑能耗指标方面。本《标准》中规定的公共建筑能耗约束性指标是以各气候区典型代表城市的公共建筑能耗为依据的，如严寒及寒冷地区以北京、夏热冬冷地区以上海、夏热冬暖地区以深圳等为典型代表城市中各类公共建筑能耗的平均值制定的。相比欧美发达国家，这些典型城市公共建筑单位面积平均能耗仍较低。以办公建筑为例，法国所提出的近零能耗建筑，新建办公建筑的近零能耗标准（这里仅指采暖、空调及生活热水能耗）为每年 110kWh/m²，若考虑办公设备、照明及电梯能耗，则超过 200kWh/m²，而本《标准》中规定的办公建筑能耗指标最大值为 110kWh/m²，也低于法国的近零能耗标准要求。

(3) 住宅能耗指标方面，《标准》中规定的综合电耗（指总电耗，包括采暖、空调、生活热水以及家用电器）约束性指标值最大值为每户家庭每年 3100kWh，按每户家庭居住面积为 90m² 计，则每平方米每年为 34.4kWh。这与法国提出的居住建筑近零能耗标准每年每平方米 50kWh（这里仅指采暖、空调及生活热水能耗）相比，仍处于低位。与美国新泽西州阶梯电价第一档每户家庭每年 7200kWh 相比，亦处于低位。

第3章 标准的主要内容

3.1 总则

本《标准》的编制正值我国能源战略进行调整，同时明确提出推动能源生产和消费革命，进行能源消费总量控制的时期，是进一步深入开展建筑节能工作的关键时期。在总则中重点明确了本《标准》适用于民用建筑运行能耗的管理，目的是促进建筑节能工作，控制建筑能耗总量，规范管理建筑运行能耗。本《标准》的编制及实施具有重要意义：

（1）开展民用建筑能耗标准编制是建筑领域贯彻我国能源战略，落实能源消费总量控制要求的重要举措。目前，建筑能耗已成为与工业、交通能耗并列的三大能耗之一。从建筑能耗总量来看，欧美发达国家建筑能耗占全社会能源消费总量的比例可达 1/3 左右，目前我国的建筑能耗占比低于这个比例。从建筑能耗强度来看，中国农村能耗水平低于中国城镇水平，即使是能耗较高的中国城镇，其能耗平均水平也低于发达国家：单位面积平均能耗为欧洲与亚洲发达国家的 1/2 左右，为美洲国家的 1/3 左右；人均能耗为欧洲与亚洲发达国家的 1/4 左右，为美洲国家的 1/8 左右。特别与美国相比，中国人口为美国的 4 倍，而建筑能耗总量仅为美国的 40%，因此，中国的人均建筑能耗仅为美国的 10% 左右。

值得注意的是，虽然我国目前的建筑能耗强度仍远低于欧美发达国家，但由于我国正处在城镇化快速发展的阶段，第三产业占 GDP 的比例逐年加大，人口众多，人民生活水平不断改善，建筑数量十分巨大，导致建筑能耗的总量逐年上升，所占全国能源消费总量比例也在日益升高，正逐渐接近发达国家建筑能耗占全社会能源消费总量的比例。

预计到 2020 年全国建筑总面积有可能超过 600 亿 m^2，而城镇人口将增加到 9 亿。此时即使维持目前城镇建筑单位面积的能耗水平，全国城镇的建筑能耗也将达到近 7 亿 tce，再加上农村住宅能耗的增长，会使我国城乡建筑总的运行能耗超过 9 亿 tce。而按照我国能源的中长期规划，全国总的能源消耗量应控制在 48 亿 tce 以内。这样建筑能耗大约可维持在全国总能耗的 20%～25%，也就是 10 亿～12 亿 tce。而如果城镇单位面积能耗达到美国目前水平的 80%，2020 年我国城镇建筑能耗就将达到 16.5 亿 tce，城乡建筑总能耗则可能突破 19 亿 tce，远超过我国建筑能耗远期规划总量控制目标，建筑能耗将占到每年可以获得的总能源的 45%，这将严重阻碍我国社会、经济和城市的发展。

（2）开展民用建筑能耗标准编制是瞄准国际前沿，实现建筑能耗指标与国际接轨的重要途径。从建筑节能标准编制的发展历程来看，当前各国建筑节能标准包括两类：一种是以实际能耗为指标，对建筑运行能耗进行约束；一种是以各类技术参数作为指标，指导建筑的节能设计与建造。前者起到控制能源消耗量的作用，并与碳减排直接联系，代表国家包括德国、法国；后者以美国为代表，起到的效果是推广普及节能技术、扩大市场，意在使建筑节能成为新的经济增长点。这两种路径并不对立，两者在具体的实施措施上有很多相同点。

德国从在 1952 年建筑节能起步阶段关注围护结构构件的热阻和传热系数，到关注围护结构系统的平均传热系数，再到规定供暖终端能耗（新建建筑每平方米居住建筑的年供暖终端能耗小于 10L 油），到目前对建筑的一次能源消耗量限值进行了规定，反映了从关注建筑节能技术的具体做法到关注建筑终端能耗的思想转变。对应着降低终端能耗的这个出发点，德国的建筑节能政策都是围绕着降低建筑终端能耗来设计的。

法国的建筑节能思想的变迁与德国类似，从 1974 年开始建筑节能设计规范对建筑围护结构综合传热系数进行规定，到 1989 年开始对生活热水的能耗、单位面积供暖能耗进行限定，到现在对各分项的能耗进行了详细的规定，同时以围护结构热工性能和可再生能源的利用作为次要指标。其变化过程也是经历了从关注建筑围护结构的节能性能与做法到关注建筑实际能耗的变化。

建筑节能工作，首先要强调建筑物的节能性能，但更应关注建筑物的实际能耗，以控制能源消耗总量。欧洲国家当前以实际能耗为约束指标，同时采用各项技术标准指导建筑节能设计与建造，这一进程对我国建筑节能工作具有参考价值。

（3）本《标准》的编制进一步完善了建筑节能标准体系，实现了建筑节能工作的"结果控制"与"过程控制"的有机统一。

3.2　术语

1. 建筑能耗

建筑使用过程中由外部输入的能源，包括维持建筑环境的用能（如供暖、制冷、通风、空调和照明等）和各类建筑内活动（如办公、炊事等）的用能。

2. 建筑能耗指标

根据建筑用能性质，按照规范化的方法得到的归一化的能耗数值。

在建筑能耗指标的定义中，有三个关键性词语：指标、规范化和归一化。其中，指标是指衡量目标的单位或方法；规范化是指在确定建筑能耗指标时应按本《标准》规定的方法；归一化是指在确定一栋具体建筑物的建筑能耗指标时，需将其能耗总量根据建筑能耗指标的单位测算成按一个单位量的数值，如公共建筑非供暖能耗指标为单位建筑面积能耗指标，而居住建筑非供暖能耗指标为每户能耗指标。

3. 能耗指标约束值

为实现建筑使用功能所允许消耗的建筑能耗指标上限值。

能耗指标约束值是强制性指标值，为当前民用建筑能耗标准的基准线，是综合考虑各地区当前建筑节能技术水平和经济社会发展需求，而确定的相对合理的建筑能耗指标值。

4. 能耗指标引导值

在实现建筑使用功能的前提下，综合高效利用各种建筑节能技术和管理措施，实现更高建筑节能效果的建筑能耗指标期望目标值。

能耗指标引导值是非强制性指标值，反映了建筑节能技术的最大潜力，代表了今后建筑节能的发展方向。该指标值是综合高效利用各种建筑节能技术，充分实现了建筑节能效果后能达到的具有先进节能水平的建筑能耗指标值。

5. 能耗指标实测值

基于实测的建筑能耗得到的能耗指标值。

能耗指标实测值是指采用实测的方法，得到某一建筑物在一个时间周期（通常为连续12个月或一个日历年）中能源的实际消耗量，再按建筑能耗指标的方法与要求，计算得到的数值。

6. 建筑面积

房屋外墙（柱）勒脚以上各层的外围水平投影面积，包括阳台、挑廊、地下室、室外楼梯等，且具备上盖，结构牢固，层高 2.20m 以上的永久性建筑。

建筑面积是确定建筑能耗指标及其实测值的重要参数。目前，在建设领域对建筑面积进行了相应规定的标准主要有《建筑工程建筑面积计算规范》GB/T 50353 与《房产测量规范》GB/T 17986。

这两本标准适用的范围并不一样，所以计算得到的建筑面积结果会有所不同，其中：《建筑工程建筑面积计算规范》GB/T 50353 只适用于工程造价计价，而不适用于商品房建筑面积测量；而《房产测量规范》GB/T 17986 适用于商品房建筑面积测量，规划和房产部门都应按照此规范执行。目前，《房屋所有权证》或测绘报告中的建筑面积均是按照《房产测量规范》GB/T 17986 的要求进行测量得到的。

因为本《标准》编制的目的主要是用于约束建筑运行能耗，故在本《标准》中术语采用的是《房产测量规范》GB/T 17986 中对建筑面积的规定。

7. 建筑供暖能耗指标

在一个完整的供暖期内，供暖系统所消耗的一次能源量除以该系统所负担的建筑总面积而得到的能耗指标，它包括建筑供暖热源和输配系统所消耗的能源，单位为 $kgce/(m^2 \cdot a)$ 或 Nm^3 天然气$/(m^2 \cdot a)$。

建筑供暖能耗指标与建筑本体的性能、建筑供暖系统的运行情况、建筑内的发热量、人的行为模式、输配管网的效率、热源设备的效率等密切相关。因此，对于建筑供暖能耗不仅要考察建筑本体热工性能，还应该考察供暖系统的运行管理水平和热源转换效率等相关影响因素。

8. 建筑耗热量指标

在一个完整的供暖期内，在建筑物热入口得到的供热系统向其提供的热量除以建筑面积所得到的能耗指标，单位为 $GJ/(m^2 \cdot a)$。

建筑耗热量指标是在室内温度保持 18℃、换气次数为 0.5 次/h 情况下的供暖期建筑需要的耗热量，与国家现行建筑节能设计标准保持一致。

9. 热源供热量指标

在一个完整的供暖期内，供热系统热源输出的热量除以该热源所负担的建筑总面积所得到的能耗指标，单位为 $GJ/(m^2 \cdot a)$。

热源供热量指标是一个热网上的所有热源在供暖期的输出热量之和与总供热面积的比值。

10. 供热管网热损失率指标

管网热损失指标与热源供热量指标的比值，无量纲。

供热管网热损失率指标与管网保温性能、泄漏情况以及供热参数有关。

11. 管网水泵输配电耗

在一个完整的供暖期内，供热管网水泵输配电耗除以该供热管网所负担的建筑总面积所得到的指标，单位为 kWh/(m² · a)。

管网水泵电耗指标是指供暖管网循环水泵在一个供暖期的耗电量。对于热电联产，水泵输配电耗指换热站二次侧水泵的电耗，一次网水泵电耗算入热源耗电量；对于燃煤锅炉、燃气锅炉、水源热泵、地源热泵，如果是间供系统，输配电耗指一次网和二次网的循环水泵电耗之和，如果是直供系统，水泵输配电耗指一次网的循环水泵电耗。

12. 热源能耗效率指标

在一个完整的供暖期内，热源所消耗的燃料除以该热源输出的供热量所得到的指标，单位为 kgce/GJ 或 Nm³ 天然气/GJ。

热源能耗效率指标其考察对象并不是单个热源设备的瞬时效率，而是一个热网上的所有热源在整个供暖季的综合热量转换效率。

3.3　基本规定

本章节主要针对民用建筑的分类、建筑能耗的统计核算与时间周期、建筑能耗指标实测值的要求以及特定区域的建筑能耗总量核算方法的条文规定进行介绍和解释。

（1）建筑能耗分类方法。对宏观建筑用能进行科学的分类，是推动能耗总量控制，引导建筑节能发展的基础。我国建筑能耗特点与发达国家有明显的差异，从建筑功能、使用主题、供需机制分析，我国建筑能耗可以分为四类：北方城镇供暖能耗、公共建筑（不含北方城镇供暖）能耗、城镇住宅（不含北方城镇供暖）能耗和农村住宅能耗。

（2）建筑用能核算方法。建筑用能应按照实际使用的能源种类分别按照电力、燃气和标煤统计计算。由于建筑用能不仅包括二次能源电耗，而且包括煤、天然气、油等其他种类的一次能源，均需进行相应的折算。条文明确规定了不同能源形式以及集中供热、集中供冷系统输入到建筑物内的热量和冷量的折算方法。

（3）民用建筑能耗的时间周期。公共建筑与居住建筑非供暖能耗均以一年内，即一个完整的日历年或连续 12 个日历月的累积能源消耗计；而对于严寒和寒冷地区，由于其供暖能耗均在供暖期产生，故条文中亦明确该地区建筑供暖能耗应以一个完整的法定供暖期内供暖系统所消耗的累积能耗计。

（4）建筑能耗指标实测值的确定方法。针对目前出现的通过建筑的配电系统向各类电动交通工具提供电力以及应市政部门要求用于建筑外景照明的用电，以及由安装于建筑物上的可再生能源系统产生的能源，明确规定应从建筑实测能耗中扣除。

同时，针对可再生能源在建筑中的应用是否计入建筑能耗给予了针对性的说明。即可再生能源包括太阳能光电和光热、风电和风热以及其他类型可再生能源所产生的电能和热能。推动可再生能源在建筑中的应用是我国的一项长期坚持的政策。加强建筑中使用可再生能源有助于减少建筑使用的常规商品能源，从而减少二氧化碳的排放，亦有利于实现我国能源使用的总量控制目标。

2011 年发布的《关于进一步推进可再生能源建筑应用的通知》（财建〔2011〕61 号）中明确规定：切实提高太阳能、浅层地能、生物质能等可再生能源在建筑用能中的比重，到 2020 年，实现可再生能源在建筑领域消费比例占建筑能耗的 15％以上。"十二五"期间，开展可再生能源建筑应用集中连片推广，进一步丰富可再生能源建筑应用形式，积极拓展应用领域，力争到 2015 年年底，新增可再生能源建筑应用面积 25 亿 m^2 以上，形成常规能源替代能力 3000 万 tce。

因此本条文明确规定，建筑物若利用安装于其内的设备系统实现可再生能源转换为电能或热能时，则在计算该建筑物能耗值时，不计入建筑自身通过可再生能源利用技术和设备获取的能源，即只计算从外部输入的能源量作为其能耗值与本《标准》规定的能耗约束性指标值或引导性指标值进行比较。

例如：某建筑物运行中全年实际消耗电量 1000000kWh，安装于其建筑物屋顶、外墙等处的光伏板全年发电量 200000kWh，从市政电网购电 800000kWh。则该建筑物的全年能耗值为 800000kWh，其建筑物面积 10000m^2，其能耗指标为 80kWh/(m^2 · a)，用这一指标与本《标准》中给出的相应的能耗约束值或引导值进行比较。

（5）建筑能耗的约束值与引导值。建筑能耗指标约束值为建筑实现使用功能所允许消耗的建筑能源数量的上限值，该指标为当前建筑能耗的基准线值，是综合考虑了各地区当前建筑节能技术、经济社会发展的需求，以降低高能耗建筑的能耗为目的而确定的相对合理的建筑能耗指标值。建筑能耗指标引导值反映了建筑节能的潜力，是在考虑各种建筑节能技术的综合高效利用的基础上，充分实现了建筑节能效果的建筑能耗指标值。

建筑能耗约束性指标可为建筑节能改造提供技术支撑。同时，亦适用于评价建筑节能改造是否有效，能为建筑能耗"对标"提供基准值，便于迅速分析建筑物的用能水平，激励业主采取节能措施。而引导性指标则是建筑节能工作深入开展的新的历史时期，新建建筑应该达到的目标值，并应成为新建建筑节能规划设计与运行管理的能效定量目标依据。同时，引导性指标还可为国家和地区制定中长期节能战略规划及相关政策提供数据基础和技术支撑，同时有利于引导和促进建筑节能技术进步和高能效建筑节能环保产品的研究与开发、新能源的应用等，带动建筑节能相关产业发展，实现未来经济增长。

基于建筑能耗总量控制的原则，并从我国今后城镇化发展速度和能源供求状况来看，未来的建筑能耗强度必须维持在目前水平，这应该作为建筑节能工作的长远目标。约束性指标的制定正是以符合建筑能耗总量控制要求为依据的，以实现我国建筑能耗强度维持在目前水平的目标。基于此，约束性指标的制定主要以反映不同气候区代表各类民用建筑能耗现状水平的平均值为指标值。同时，考虑我国经济的发展和人民生活水平的提高，针对居住建筑制定的约束性指标与各个省市阶梯电价第一档的上限值保持一致，即以满足 80％居民的用电要求为依据。由于我国目前的用能水平仍大大低于欧美发达国家，故本《标准》制定的指标约束值比欧美发达国家建筑物现在的平均用能水平要低得多。但相比近年来，欧美发达国家陆续提出的未来建筑实现"零能耗建筑"或"近零能耗"的节能发展目标值，本《标准》制定的指标约束值仍有一定的差距。

引导性指标代表着我国未来建筑的节能发展方向，指标值将低于指标约束值，基本上处于建筑能耗总体分布的下四分位数的水平。需要说明的是，我国居住建筑用能水平偏低，其主要原因是室内舒适水平仍偏低且生活方式节俭，但在未来，随着社会经济的发展，人们生活水平的不断提升，居住建筑非供暖能耗仍有较大的增长预期。从保障民生的角度出发，本《标准》暂不针对居住建筑制定引导性指标。

（6）区域能耗的核算方法。当本《标准》得到全面落实后，一个地区（省、市、县）的建筑能耗总量可以根据本《标准》规定的约束值与该地区各类建筑面积的总量按条文3.0.6 给出的方法进行核算，结果可作为政府制定相关规划和政策的依据。

3.4　居住建筑非供暖能耗

3.4.1　居住建筑能耗指标表示方法

居住建筑具有十分明确的以户为单位的特性，主要表现在：

1）从能耗使用特点来看，居住建筑用能是以户为单位。居住建筑用能项目包括：生活热水、照明、家电、炊事、空调和供暖。其中，生活热水和炊事的能耗与每户的人数有比较明显的关系，常见的家电，例如电冰箱、洗衣机、电视等也是以户为单位进行使用。此外，由于我国居民的使用习惯，照明、空调和供暖与人员的数量和在室情况密切相关，通常是人在哪个房间，开启哪个房间的照明、空调和供暖设备（不包括北方集中供暖）。按照平方米对住宅用能提出约束指标，不能与实际使用情况联系，提出的指标不具备说服力。

2）从标准制定目标来看，居住建筑能耗指标针对"户"进行约束更有效。制定居住建筑能耗约束指标是为了提倡节能型生活方式，以户为单位对居民生活用能给出衡量标准。如果指标按照单位面积提出，将出现两个方面的问题：

（1）间接刺激能源使用：住宅面积大的家庭，户能耗指标就大，而对于住宅面积小的家庭，标准给出的家庭用能量少，无形中鼓励了居民购买更大面积的住房，面积越大，又可能使用更多的能源，进一步造成资源浪费。

（2）造成社会公平性问题：在同样是三口之家的情况下，如果 A 家庭住宅面积为$200m^2$，而 B 家庭住宅面积为 $60m^2$，那么 A 家庭相比 B 家庭有 3 倍的能耗指标，同样的人数，家庭面积大的就可以用更多的能源，这不符合社会公平性原则。在贫富分化、富人拥有更多住房面积的情况下，不利于社会资源的合理分配，将激化社会矛盾。

相比之下，住宅能耗指标以户为单位给出，对于引导居民家庭节约能源，能够起到积极的作用。

3）从宏观数据研究来看，各国对于居住建筑用能统计数据均以户为单位。查询美国、日本、欧洲等发达国家和地区的居住建筑能耗数据发现，其都是按照户进行统计和分析的。各国按照户进行统计和分析，主要原因也是住宅能耗以户为单位的特点。为了与国际接轨，开展国际建筑能耗对比研究，居住建筑能耗数据应该以户为单位进行分析，与之相应的居住建筑能耗指标，也应该以户为单位给出。

4）居住建筑能耗数据统计，以户为单位更加容易获得。从居住建筑能耗获得的渠道来看，住户电耗可以从电力部门获得，天然气也可以从燃气公司获取，都是以户为单位的数据。这是获取住宅能耗数据的有利条件。而阶梯电价标准，直接针对的也是住户，跟住宅面积大小也不存在相应的关系。结合政策制定与数据统计，住宅以户为单位提出能耗指标是未来发展的趋势。

综合以上分析，居住建筑能耗指标以户为单位给出。

3.4.2 居住建筑能耗数据来源

1. 综合电耗指标

根据国家发展改革委印发的《关于居民生活用电试行阶梯电价的指导意见》中的阶梯电价要求，我国内地除去新疆和西藏两个自治区外的 29 个省、直辖市、自治区，相继制定了居民阶梯电价具体实施细则，并于 2012 年 7 月 1 日起实施。细则制定了三档形式的阶梯电价，给出了两个分档节点的月均用电量及年用电量，分档电量以城乡居民每月用电量按照满足基本用电要求、正常合理用电需求和较高生活质量用电需求划分为三档，原则上第一档电量覆盖本区域内 80% 以上的居民用户的月均用电量，第二档电量覆盖 95% 居民用户的月均用电量。由此列出相同建筑气候分区中各省份两个节点的年用电量，具体如表 3-1 所示。

我国内地各省份居住建筑年用电量（kWh/a）　　　　　表 3-1

地区	年用电量（一节点）	年用电量（二节点）	气候分区
内蒙古	2040	3120	严寒地区
辽宁	2160	3360	
吉林	2040	3120	
黑龙江	2040	3120	
青海	1800	2760	
宁夏	2040	3120	
北京	2880	4800	寒冷地区
天津	2640	4800	
河北	2160	3360	
山西	2040	3120	
山东	2520	4800	
河南	2160	3120	
陕西	2160	4200	
甘肃	1920	2880	
上海	3120	4800	夏热冬冷地区
江苏	2448	3696	
浙江	2760	4800	
安徽	2160	4200	
江西	2160	4200	
湖北	2160	4800	
湖南	2160	4800	
重庆	2640	3840	
四川	2160	3360	
福建	2400	4800	夏热冬暖地区
广东	2760	6000	
海南	2340	3970	
广西	2040	3240	
贵州	2200	3000	温和地区
云南	2040	3120	

本《标准》在制定居住建筑能耗用电指标时，重点参考了五个建筑气候区各个省市阶梯电量第一档的上限数据，并考虑住宅公共部分电耗和住宅除燃气外的非电能耗所占的比例，综合分析得到，取值主要来自能耗较高的城市。

2. 燃气指标

对严寒地区、寒冷地区、夏热冬冷地区、夏热冬暖地区以及温和地区典型城市哈尔滨、北京、上海、广州和深圳、昆明等城市进行居民燃气数据统计，将所有气体统一折算为天然气用量，各市统计数据形成样本总体，样本数据经过正态分布检验，在此基础上综合分析得到居住建筑燃气消耗指标。

3.4.3　居住建筑能耗指标确定

居住建筑电耗约束性指标值的确定，应能覆盖本区域内 80% 以上居民的年均用电量，即保证满足居民基本用电需求；居住建筑燃气消耗约束性指标值的确定，应能覆盖严寒地区 90% 以上居民用户的用气量，确保居民基本用气需求。

1. 严寒地区

1）居住建筑综合电耗约束性指标值确定

表 3-1 严寒地区 6 个省份一节点年用电量以辽宁省的 2160kWh 为最高，同时考虑住宅公共部分电耗和住宅除燃气外的非电能耗所占的比例，约取 2%，则严寒地区居住建筑电耗约束性指标值为 2200kWh/a。

2）居住建筑燃气消耗约束性指标值确定

以严寒地区典型城市哈尔滨燃气消耗量统计数据为依据，形成样本总体，各用户年消耗燃气量为样本个体，经正态分布检验，形成新的符合正态分布的有效数据，再结合哈尔滨及其他严寒地区经济发展水平，确定严寒地区居住建筑燃气消耗约束性指标值为 160m³/a。

2. 寒冷地区

1）居住建筑综合电耗约束性指标值确定

表 3-1 寒冷地区 8 个省市一节点年用电量以北京市的 2880kWh 为最高，同时考虑住宅公共部分电耗和住宅除燃气外的非电能耗所占的比例，因北京市一节点年耗电量相对较高，这一比例约取 1%，则寒冷地区居住建筑电耗约束性指标值为 2900kWh/a。

2）居住建筑燃气消耗约束性指标值确定

以寒冷地区典型城市北京市燃气消耗量统计数据为依据，形成样本总体，各用户年消耗燃气量为样本个体，经正态分布检验，形成新的符合正态分布的有效数据，再结合北京市及其他寒冷地区经济发展水平，确定寒冷地区居住建筑燃气消耗约束性指标值为 140m³/a。

3. 夏热冬冷地区

1）居住建筑综合电耗约束性指标值确定

表 3-1 夏热冬冷地区 9 个省市一节点年用电量以上海市的 3120kWh 为最高，考虑到同一建筑气候分区上海市一节点年用电量遥遥领先其他省市，夏热冬冷地区 9 个省市一节点年用电量平均值为 2418kWh，综合分析本地区各个省市用电水平，夏热冬冷地区居住建筑电耗约束性指标值宜取 3100kWh/a。

2）居住建筑燃气消耗约束性指标值确定

以夏热冬冷地区典型城市上海市 7 个街道燃气消耗量统计数据为依据，形成样本总体，各用户年消耗燃气量为样本个体，经正态分布检验，形成新的符合正态分布的有效数据共计3000个，通过对统计样本的数据分析，分析的方法为分段取值统计分析法，将单户用气水平每隔10m³/a划分为一段，通过统计该段统计样本的数量以及所占的比例进行分析验证，统计分析结果见表3-2。

上海市燃气消耗量统计情况表　　　　　　表3-2

编号	燃气范围（m³/a）	户数	占比（%）
1	＜80	419	14.0
2	81～90	126	4.2
3	91～100	134	4.5
4	101～110	126	4.2
5	111～120	152	5.1
6	121～130	141	4.7
7	131～140	124	4.1
8	141～150	125	4.2
9	151～160	144	4.8
10	161～170	119	4.0
11	171～180	90	3.0
12	181～190	117	3.9
13	191～200	95	3.2
14	201～210	84	2.8
15	211～220	82	2.7
16	221～230	67	2.2
17	231～240	74	2.5
18	241～250	72	2.4
19	251～260	68	2.3
20	261～270	48	1.6
21	271～280	55	1.8
22	281～290	49	1.6
23	291～300	55	1.8
24	＞300	434	14.5

统计数据户年均耗气量为195.7m³，其中240m³以下的用户占74%，考虑到夏热冬冷地区其他8个省市经济发展水平及其用户年均气耗水平相对较低，240m³/a的居住建筑燃气消耗约束性指标值能覆盖整个夏热冬冷地区90%左右的用户居民燃气消耗量，满足居民用户基本用气需求。

4. 夏热冬暖地区

1）居住建筑综合电耗约束性指标值确定

表3-1夏热冬暖地区分有4个省份，4个省份一节点年用电量以广东省的2760kWh为最高，同时考虑住宅公共部分电耗和住宅除燃气外的非电能耗所占的比例，夏热冬暖地区居住建筑电耗约束性指标值取2800kWh。

为了检验该数据指标值是否满足居民用电基本需求，下面以广东省广州市居民用电量统计数据为例进行分析验证。广东省广州市居民用电量统计范围包括龙津街道和南华西街道，数据分析样本数量共计 25904 户。取广州地区典型用户年耗电数据，经正态分布检验，满足正态分布要求共计统计样本数据 5700 个，通过对统计样本年平均用电量的统计分析，统计分析的方法为分段取值统计分析法，将单户能耗水平每隔 400kWh/a 划分为一段，通过统计该段统计样本的数量以及所占的比例进行分析验证，统计分析结果见表 3-3。

广州市居住建筑电耗统计分析结果　　　　　　　　　　　　　　表 3-3

序号	单户电耗水平（kWh/a）	户数	占统计样本百分比（%）
1	400 以下	354	6.2
2	401～800	529	9.3
3	801～1200	686	12.0
4	1201～1600	722	12.7
5	1601～2000	748	13.1
6	2001～2400	644	11.3
7	2401～2800	479	8.4
8	2801～3200	368	6.5
9	3201～3600	261	4.6
10	3601～4000	168	2.9
11	4001～4400	185	3.2
12	4401～4800	109	1.9
13	4800 以上	447	7.8

表中年电耗量 2800kWh 以下用户占统计样本总数的 73%，表中数据不包括公摊部分，若加上 2%～10% 的公摊用电量，取 4%，即用户实际用电量＝表中数据×（1+0.04）约等于 2900kWh/a，即标准中夏热冬暖地区居住建筑综合电耗约束性指标值，说明广州地区年耗电量 2900kWh 覆盖了全市 73% 的用户，结合广州市为广东省省会城市，同时广东省又是全国的经济大省，其经济发展水平领先于本区域（夏热冬暖地区）其他三个省份，其电耗量相对应地高于其他地方，故平均夏热冬暖地区四省份电耗水平，2900kWh/a 的居住建筑综合电耗约束性指标值应能覆盖区域 80% 以上的居民用电量，满足居民用户基本用电需求。

2）居住建筑燃气消耗约束性指标值确定

以夏热冬暖地区典型城市广州和深圳燃气消耗量统计数据为依据，形成样本总体，各用户年消耗燃气量为样本个体，经正态分布检验，形成新的符合正态分布的有效数据，再结合广州和深圳及其他夏热冬暖地区经济发展水平，确定夏热冬暖地区居住建筑燃气消耗约束性指标值为 160m³/a。

取广州地区典型用户年燃气消耗数据，经正态分布检验，满足正态分布要求共计统计样本数据 4505 个，统计结果分布如表 3-4 所示。

燃气消耗数据统计情况　　　　　　　　　　　　　　表 3-4

序号	小区数量（个）	户数（户）	平均每户燃气消耗量（m³/a）	所占比例（%）
1	5	882	80 以下	19.6
2	6	903	81～90	20.1
3	2	84	91～100	1.9

续表

序号	小区数量（个）	户数（户）	平均每户燃气消耗量（m³/a）	所占比例（%）
4	2	293	101~110	6.5
5	3	334	111~120	7.4
6	3	512	121~130	11.4
7	3	437	131~140	9.7
8	2	515	141~150	11.4
9	1	90	151~160	2.0
10	4	255	161~180	5.7
11	3	198	181 以上	4.4
合计	34	4503	—	—

统计数据户年均耗气量约为 125m³，以标准中夏热冬暖地区居住建筑燃气消耗约束性指标值为界，表中年燃气消耗量 160m³ 以下用户占统计样本总数的 90%，即广州地区典型居住建筑年燃气消耗量 160m³ 覆盖了全市 90% 的用户，结合广州市为广东省省会城市，同时广东省又是全国的经济大省，其经济发展水平领先于本区域（夏热冬暖地区）其他三个省份，其燃气消耗量相对应地高于其他地方，故平均夏热冬暖地区四省份燃气消耗水平，160m³/a 的居住建筑综合燃气消耗约束性指标值应能覆盖区域 90% 以上的居民燃气消耗量，满足居民用户基本用气需求。

5. 温和地区

1）居住建筑综合电耗约束性指标值确定

表 3-1 温和地区有 2 个省，2 个省份一节点年用电量以贵州省的 2200kWh 为最高，同时云南省一节点年用电量 2040kWh 相对较低，温和地区居住建筑综合电耗约束性指标值取 2200kWh/a。

2）居住建筑燃气消耗约束性指标值确定

以温和地区典型城市昆明市燃气消耗量统计数据为依据，形成样本总体，各用户年消耗燃气量为样本个体，经正态分布检验，形成新的符合正态分布的有效数据，再结合昆明及其他温和地区经济发展水平，确定温和地区居住建筑燃气消耗约束性指标值为 190m³/a。

3.4.4 居住建筑能耗指标修正

目前，我国城市居民越来越趋向于两口、三口之家，但也有不少家庭是几代同堂，有些住户可能人多，而建筑面积却不大，如果不修正，势必产生不公平现象，所以需要按照人数进行修正。另外，在居住建筑的能耗统计数据中，能耗量与建筑面积的关联性不太大，而与住宅中生活的人数关联性更大。在能源消耗量中，炊事能耗、电器能耗等显然是与人数相关的，空调的能耗也是与人数（房间数）的关联大。可见居住建筑中的人数对每户的能耗量影响较大。因此，无论是综合电耗量还是燃气消耗量，都可根据住宅的人数给予修正，以增强公平性。

本《标准》的修正公式适用于对居住建筑综合电耗量的修正以及燃气消耗量的修正。修正的方法直接采用人数线性修正，体现公平原则。例如，夏热冬暖地区某住户一年综合电耗量实际值 $E=3200kWh$，超过标准所规定的综合电耗指标约束值 2800kWh，由于住户

实际人数 $N=4$，则该住户经修正后的综合耗电量 $E_r=2400kWh$，小于夏热冬暖地区综合电耗指标约束值 2800kWh/(a·户)，属于不超标。

3.5　公共建筑非供暖能耗

3.5.1　关于公共建筑按 A 类和 B 类分别管理

本《标准》的一大特色，就是在公共建筑中按 A 类和 B 类分别给出公共建筑能耗指标约束值和合理值，并建议分别进行有针对性的管理。本《标准》5.1.2 条中给出了相关规定：

"公共建筑应按下列规定分为 A 类和 B 类。

1　可通过开启外窗方式利用自然通风，达到室内温度舒适要求，减少空调系统开启运行时间，减少能源消耗的公共建筑为 A 类公共建筑；

2　因建筑功能、规模等限制或受建筑物所在周边环境的制约，不能通过开启外窗方式利用自然通风，而需常年依靠机械通风、空调系统等方式，维持室内温度舒适要求的公共建筑为 B 类公共建筑。"

这样规定，是在大量前期公共建筑能耗统计调查结果基础上给出的。例如，肖贺[③]通过对大量办公建筑实际能耗数据的统计分析指出，我国各类公共建筑能耗强度（EUI，Energy Use Intensity，通常以单位建筑面积年能耗量为单位）存在着"二元分布"的规律，相当大一部分公共建筑能耗强度并不高，因此公共建筑的节能管理也宜"分而治之"。前期颁布的《公共建筑节能设计标准》GB/T 50189—2014 也对公共建筑进行了分类管理。本《标准》编制组通过深入研究，参考欧洲相关做法，决定将公共建筑按营造室内环境的方法不同分为 A 类和 B 类，分别给出各类公共建筑能耗指标的约束值和引导值。

3.5.2　公共建筑能耗管理的范围

本《标准》第 5.1.3 条规定：

"不同地区公共建筑非供暖能耗指标取值应符合下列规定：

1. 严寒与寒冷地区，公共建筑非供暖能耗指标应包含建筑空调、通风、照明、生活热水、电梯、办公设备以及建筑内供暖系统的热水循环泵电耗、供暖用的风机电耗等建筑所使用的所有能耗。其供暖能耗应符合本《标准》第 6 章的相关规定。

2. 非严寒与寒冷地区，公共建筑非供暖能耗指标应包含建筑所使用的所有能耗。

3. 公共建筑内集中设置的高能耗密度的信息机房、厨房炊事等特定功能的用能不应计入公共建筑非供暖能耗中。"

需要说明的是：

（1）本《标准》中对公共建筑能耗的管理是"全部能耗管理"（Total Energy Use Management），这与国际建筑节能领域的最新发展相吻合，既包括传统建筑节能管理所关注的暖通空调、照明、生活热水等，也包括与使用者相关的办公设备的用能管理；

---

③　肖贺，魏庆芃. 公共建筑能耗二元结构变迁 [J]. 建设科技，2010（8）：31-34.

（2）考虑到公共建筑实际用能的情况，本《标准》中对于公共建筑内集中设置、能耗较高的一些特定功能用能，建议在总的能耗中减掉这部分能耗，得到该建筑的能耗指标实测值，再与本《标准》给出的能耗指标约束值或引导值进行比较，这样更加客观和公平；

（3）关于公共建筑中的供能系统能耗，本《标准》考虑到我国集中供热的实际情况，对于位于严寒和寒冷地区的公共建筑，其供暖能耗（热源能耗、楼外管网输配能耗）等按本《标准》第6章的相关规定进行管理，但其楼内供暖用的热水循环泵电耗、风机电耗等，应计入该公共建筑能耗，按本《标准》本章的相关规定进行管理；对于除严寒和寒冷地区之外的公共建筑，其供暖所消耗的热源能耗、水泵风机电耗等都应计入该公共建筑的能耗，按本《标准》本章的相关规定管理。

3.5.3 公共建筑能耗指标

1. 办公建筑的能耗指标约束值和引导值

本《标准》中将办公建筑细分为党政机关办公建筑和商业办公建筑，按A类和B类，分别给出严寒和寒冷地区、夏热冬冷地区、夏热冬暖地区，以及温和地区相对应的能耗指标约束值和引导值，单位为 $kWh/(m^2 \cdot a)$。如表3-5所示。

办公建筑能耗指标的约束值和引导值 $[kWh/(m^2 \cdot a)]$ 表3-5

建筑分类		严寒和寒冷地区		夏热冬冷地区		夏热冬暖地区		温和地区	
		约束值	引导值	约束值	引导值	约束值	引导值	约束值	引导值
A类	党政机关办公建筑	55	45	70	55	65	50	50	40
	商业办公建筑	65	55	85	70	80	65	65	50
B类	党政机关办公建筑	70	50	90	65	80	60	60	45
	商业办公建筑	80	60	110	80	100	75	70	55

2. 宾馆酒店建筑的能耗指标约束值和引导值

本《标准》中将宾馆酒店建筑细分为五星级、四星级、三星级及以下等三个级别，并按A类和B类分别给出严寒和寒冷地区、夏热冬冷地区、夏热冬暖地区，以及温和地区相对应的能耗指标约束值和引导值，单位为 $kWh/(m^2 \cdot a)$。如表3-6所示。

宾馆酒店建筑能耗指标的约束值和引导值 $[kWh/(m^2 \cdot a)]$ 表3-6

建筑分类		严寒和寒冷地区		夏热冬冷地区		夏热冬暖地区		温和地区	
		约束值	引导值	约束值	引导值	约束值	引导值	约束值	引导值
A类	三星级及以下	70	50	110	90	100	80	55	45
	四星级	85	65	135	115	120	100	65	55
	五星级	100	80	160	135	130	110	80	60
B类	三星级及以下	100	70	160	120	150	110	60	50
	四星级	120	85	200	150	190	140	75	60
	五星级	150	110	240	180	220	160	95	75

对于未申请星级评定或"摘星"的宾馆酒店建筑，建议参照本《标准》相对应的宾馆酒店建筑级别的能耗指标约束值和引导值进行管理。

3. 商场建筑的能耗指标约束值和引导值

商场建筑功能较多，细分较复杂。本《标准》中将 A 类商场建筑细分为一般百货店、一般购物中心、一般超市、餐饮店、一般商铺建筑等五类，将 B 类商场建筑细分为大型百货店、大型购物中心和大型超市等三类，分别给出严寒和寒冷地区、夏热冬冷地区、夏热冬暖地区，以及温和地区相对应的能耗指标约束值和引导值，单位为 kWh/(m²·a)。如表 3-7 所示。

表 3-7

商场建筑能耗指标的约束值和引导值 [kWh/(m²·a)]

建筑分类		严寒和寒冷地区		夏热冬冷地区		夏热冬暖地区		温和地区	
		约束值	引导值	约束值	引导值	约束值	引导值	约束值	引导值
A 类	一般百货店	80	60	130	110	120	100	80	65
	一般购物中心	80	60	130	110	120	100	80	65
	一般超市	110	90	150	120	135	105	85	70
	餐饮店	60	45	90	70	85	65	55	40
	一般商铺	55	40	90	70	85	65	55	40
B 类	大型百货店	140	100	200	170	245	190	90	70
	大型购物中心	175	135	260	210	300	245	90	70
	大型超市	170	120	225	180	290	240	100	80

4. 不同公共建筑停车场能耗的约束值和引导值

本《标准》中还考虑到部分公共建筑中含有停车场，并且停车场面积计入建筑面积（如地下停车场、专属停车楼等），因此给出办公建筑、宾馆酒店建筑和商场建筑停车场能耗的约束值和引导值。停车场的通风电耗、照明电耗等应满足本《标准》该条款的要求。如表 3-8 所示。

表 3-8

机动车停车库能耗指标的约束值和引导值 [kWh/(m²·a)]

功能分类	约束值	引导值
办公建筑	9	6
宾馆酒店建筑	15	11
商场建筑	12	8

5. 综合性公共建筑能耗的约束值与引导值

考虑到实际工程中部分公共建筑为多功能的综合性公共建筑，同一座建筑物中同时包括办公部分和宾馆酒店部分，或者商场部分和办公部分，或者多个功能的组合，因此本《标准》中作出如下规定：

"同一建筑中存在办公、宾馆酒店、商场、停车库的综合性公共建筑，其能耗指标约束值和引导值，应按本《标准》表 5.2.1～表 5.2.4 所规定的各功能类型建筑能耗指标的约束值和引导值与对应功能建筑面积比例进行加权平均计算确定。"

6. 公共建筑由外部供冷或供热时能耗指标实测值的计算方法

实际工程当中，公共建筑由建筑物外的冷源通过室外管网供冷，或者是除严寒和寒冷地区之外的公共建筑由建筑物外的热源通过室外管网供热，如不把这部分能耗计入该公共建筑，则该公共建筑的能耗指标实测值将明显降低，将形成管理的漏洞。为此，本《标准》中作出如下规定，堵住这一可能的管理漏洞：

"公共建筑由外部集中供冷系统提供冷量，应根据集中供冷系统实际能耗状况和向该建筑物的实际供冷量计算得到冷量折合的电或燃气消耗量，计入该公共建筑能耗指标实测值。

非严寒、寒冷地区公共建筑由外部集中供暖系统提供热量时，应根据本《标准》第6.2.2条的规定，计算得到燃气或标煤消耗量，按供电煤耗法折算为电计入该公共建筑能耗指标实测值。"

由于本《标准》最终排版印刷问题，公式（5.2.6）和公式（5.2.7）中 Cge 的取值，应按第6章6.2.2条中 ce 的取值，对于天然气应取 $0.2Nm^3/kWh$，或 $5.0kWh/Nm^3$。

3.5.4　公共建筑能耗指标修正

1. 修正的原则

由于公共建筑实际使用情况千差万别，非常复杂，在本《标准》执行过程中如何因地制宜、量体裁衣地进行修正，成为本《标准》执行者和使用者非常关注的问题。本《标准》编制组在公共建筑能耗指标修正方法的研究确定过程中，主要遵循了两个原则：

一是修正能耗指标的"实测值"，再与"约束值"或"引导值"进行比较和管理；而不修正能耗指标的"约束值"或"引导值"，各地建设主管部门或节能主管部门可以在本《标准》基础上，根据当地实际经济、气候、城镇化的具体情况，制订适合本地区的公共建筑能耗指标"约束值"和"引导值"，原则上"约束值"和"引导值"的具体数值，不应大于本《标准》对应气候区、对应公共建筑类型的"约束值"和"引导值"的具体数值。

二是根据公共建筑的实际使用强度进行修正，如公共建筑实际全年使用小时数、宾馆酒店实际全年平均入住率、商场建筑实际全年营业小时数等，当实际使用强度明显高于本《标准》给出的实际使用强度时，公共建筑的业主或委托管理者可以向当地建筑节能主管部门申请修正。对于部分公共建筑疏于管理导致夏季实际室内温度过低、或冬季实际室内温度过高、或者追求所谓"奢侈"或"过度舒适"而导致过高能耗的，本《标准》不予修正。

2. 标准使用强度与修正

1）公共建筑的使用强度

研究表明，公共建筑能耗强度的高低受实际使用强度的影响，使用强度主要是指运行时间、人员密度和用能设备密度等的统称。

（1）办公建筑的使用时间和使用人数是影响其能耗的主要因素。因此，本条文规定办公建筑能耗指标可根据建筑的实际使用时间和实际使用人数进行修正。其中，使用时间以年使用时间为修正参数，单位为 h/a；使用人数以人均建筑面积为修正参数，单位为 m^2/人。

（2）宾馆酒店建筑的入住率和客房区面积比例是影响其能耗的主要因素。因此，本条文规定宾馆酒店建筑能耗指标可根据建筑的入住率和客房区面积比例进行修正。

（3）商场建筑的使用时间是影响其能耗的主要因素。值得注意的是，人们通常认为客流量的大小对商场用能影响显著，但从实际的用能数据分析结果来看，这两者之间相关性小。主要原因：在商场的实际运行中，主要用能设备的运行受客流量影响小，如照明用能，无论客流量多少，其运行是基本一致的。而通常认为受客流量影响大的是空调能耗，其实商场在实际运行时新风的供应并非严格按照客流量的大小线性调节，而是按照通常的模式供应，若不考虑新风的影响，客流量的影响则主要是通过人体散热散湿来影响空调负荷，但这一影响程度极其有限。因此，本条文规定商场建筑能耗指标可根据建筑的使用时间进行修正。

2）公共建筑的标准使用强度

本《标准》给出了"标准使用强度"，如下所示：

（1）办公建筑：年使用时间 $T_0 = 2500\text{h/a}$，人均建筑面积 $S_0 = 10.0\text{m}^2/\text{人}$；

（2）宾馆酒店建筑：年平均客房入住率 $H_0 = 50\%$，客房区建筑面积占总建筑面积比例 $R_0 = 70\%$；

（3）超市建筑：年使用时间 $T_0 = 5500\text{h/a}$；

（4）百货/购物中心建筑：年使用时间 $T_0 = 4570\text{h/a}$；

（5）一般商铺：年使用时间 $T_0 = 5000\text{h/a}$。

上述标准使用强度数值是根据北京、上海、深圳等地开展的建筑能耗统计、能源审计以及能耗监测所取得的公共建筑运行的基础数据，经统计分析后确定的。

3）根据实际使用强度修正

当公共建筑的实际使用强度与上述标准使用强度存在差异时，可根据本《标准》的相关规定对其能耗指标实测值进行修正，再以修正后的数值与本《标准》第5.2节规定的公共建筑能耗指标约束值或引导值进行比较。

需要说明的是，本《标准》中给出的能耗指标数值是最小值，当实际使用强度低于标准规定时，不应进行修正；只有实际使用强度高于标准时，才需要按照标准中的规定进行修正。例如，当办公建筑中人均建筑面积很大（例如，20m²/人），或者公共建筑使用时间较短时，不应进行修正。

3. 办公建筑能耗指标实测值的修正方法

1）修正的基本方法

已有研究表明，办公建筑的使用人数与使用时间是影响其能耗强度的显著因素。一方面，在办公建筑中每增加一位使用人数，其办公、空调等能耗都会相应地增加，但考虑到照明能耗几乎不受影响，而办公建筑中使用空调时引入的新风量并非随人数的增加而等比例增加，通常是采用固定模式输入新风，这就使空调能耗并非随人数等比例增加。因此，使用人数对建筑能耗的影响并非等比例影响。另一方面，使用时间的增加是会增长建筑能耗，但这也并不是等比例的，主要原因是使用时间的增加通常是因为加班造成的，而此时，空调通常是不开启，或者只是局部开启。基于此，依据北京、上海、深圳等地开展的建筑能耗统计、能源审计以及能耗监测所取得的办公建筑实际用能和使用强度的基础数据，经统计分析后确定了针对使用人数与使用时间的办公建筑能耗指标实测值的修正公式，如下所示：

$$E_{oc} = E_0 \cdot \gamma_1 \cdot \gamma_2 \qquad (3\text{-}1)$$

$$\gamma_1 = 0.3 + 0.7\frac{T_0}{T} \qquad (3\text{-}2)$$

$$\gamma_2 = 0.7 + 0.3\frac{S}{S_0} \qquad (3\text{-}3)$$

式中　E_{oc}——办公建筑能耗指标实测值的修正值；

　　　E_o——办公建筑能耗指标实测值；

　　　γ_1——办公建筑使用时间修正系数；

　　　γ_2——办公建筑人员密度修正系数；

　　　T——办公建筑年实际使用时间（h/a）；

　　　S——实际人均建筑面积，为建筑面积与实际使用人员数的比值（m²/人）。

说明：

当办公建筑经常延时工作、$T>T_0$ 时，或人员密度较大、$S<S_0$ 时，可采用上述公式对办公建筑能耗指标实测值进行修正。对于实际办公建筑使用时间短、人员密度低的情况，则不应对建筑能耗实测值进行修正。不同全年工作时长和不同人均建筑面积下的修正系数 γ_1 和 γ_2 如表3-9所示。

不同全年工作时长和不同人均建筑面积下的修正系数　　　　表3-9

T(h/a)	γ_1	S(m²/人)	γ_2
2500	1.000	10.0	1.000
2750	0.936	9.5	0.985
3000	0.883	9.0	0.970
3250	0.838	8.5	0.955
3500	0.800	8.0	0.940
3750	0.767	7.5	0.925
4000	0.738	7.0	0.910
4250	0.712	6.5	0.895
4500	0.689	6.0	0.880
4750	0.668	5.5	0.865
5000	0.650	5.0	0.850

2）修正案例

（1）案例1

位于严寒和寒冷地区的某 B 类商业办公建筑 X 建筑面积 20000m²，全年电耗 2000000kWh，其能耗指标实测值 E_o 为：2000000/20000kWh/(m²·a)=100kWh/(m²·a)，高于本《标准》表3.1中对应气候区 B 类商业办公建筑能耗指标约束值 80kWh/(m²·a)。业主提出申请修正并给出相关证据，说明该商业办公建筑有大量银行金融等行业的企业入驻，实际运行使用时间长，工作日早8：00至晚10：00使用，周六早8：00至下午2：00使用，经计算全年实际使用时间 T=14（h/工作日）×250（工作日）+6(h/周末)×52(周末)=3812h/a。根据修正公式（4.1-2），计算得到商业办公建筑 X 的办公建筑使用时间修正系数 γ_1 为：0.3+0.7×(2500/3812)=0.759；根据修正公式（4.1-1），计算得到商业办公建筑 X 的建筑能耗指标修正值 E_{oc} 为：100×0.759kWh/(m²·a)=75.9kWh/(m²·a)，符合本《标准》表3.1中对应气候区 B 类商业办公建筑能耗指标约束值的要求。

（2）案例2

位于夏热冬暖地区的某 A 类党政机关办公建筑 Y，建筑面积 5000m²，全年电耗 300000kWh，其能耗指标实测值 E_o 为：300000/5000kWh/(m²·a)=60kWh/(m²·a)，高于

表 3.1 中对应气候区 A 类党政机关办公建筑能耗指标约束值 50kWh/(m^2·a)。业主提出申请修正并给出证据，该办公建筑实际使用人数 600 人，实际人均建筑面积为：5000/600m^2/人＝8.33m^2/人。根据修正公式（4.1-3），计算得到党政机关办公建筑 Y 的办公建筑人员密度修正系数 γ_2 为：0.7＋0.3×8.33/10.0＝0.95。根据修正公式（4.1-1），计算得到党政机关办公建筑 Y 的建筑能耗指标修正值 E_{oc} 为：60×0.95kWh/(m^2·a)＝57.0kWh/(m^2·a)，仍不符合表 3.1 中对应气候区 A 类党政机关办公建筑能耗指标约束值的要求，应加强节能管理或节能改造，切实降低建筑能耗。

4. 宾馆酒店建筑能耗指标实测值的修正方法

一方面，宾馆酒店的能耗强度会受入住率的影响，随入住率的提高而增加。但考虑到宾馆酒店中公共区域的能耗是不受入住率的影响，同时，采用集中式空调的四星级、五星级酒店，无论客人是否入住，制冷机组是仍需要开启和运行的，而能关闭的末端（通常为风机盘管）其占总能耗的比例并不高，且在某些酒店中，为了提供给客人"良好的"舒适环境，无论客人是否入住，末端亦是全天 24 小时运行，这些因素使得入住率对宾馆酒店能耗强度的影响是非等比例变化的。

另一方面，现在的宾馆酒店除客房区域外，还存在会议室、商品店以及餐厅等，虽然客房区域的能耗是主要的，但其他区域的影响亦不容忽视，即需要根据客房区面积比例（实际客房区面积占总建筑面积比例）进行修正。

基于此，本条文依据北京、上海、深圳等地开展的建筑能耗统计、能源审计以及能耗监测所取得的宾馆酒店建筑实际用能和使用强度基础数据，经统计分析后确定了针对入住率与客房区面积比例的宾馆酒店建筑能耗指标实测值修正公式，如下所示：

$$E_{hc} = E_h \cdot \theta_1 \cdot \theta_2 \tag{3-4}$$

$$\theta_1 = 0.4 + 0.6 \frac{H_0}{H} \tag{3-5}$$

$$\theta_2 = 0.5 + 0.5 \frac{R}{R_0} \tag{3-6}$$

式中　E_{hc}——宾馆酒店建筑能耗指标实测值的修正值；

E_h——宾馆酒店建筑能耗指标实测值；

θ_1——入住率修正系数；

θ_2——客房区面积比例修正系数；

H——宾馆酒店建筑年实际入住率；

R——实际客房区面积占总建筑面积比例。

说明：

当酒店客房入住率较高、$H > H_0$ 时，或客房区所占面积较小、$R < R_0$ 时，可采用上述公式对宾馆酒店建筑能耗指标实测值进行修正。不同全年工作时长和不同人均建筑面积下的修正系数 θ_1 和 θ_2，如表 3-10 所示。

不同全年工作时长和不同人均建筑面积下的修正系数　　表 3-10

H	θ_1	R	θ_2
50%	1.000	70.0%	1.000
55%	0.945	66.5%	0.975

H	θ_1	R	θ_2
60%	0.900	63.0%	0.950
65%	0.862	59.5%	0.925
70%	0.829	56.0%	0.900
75%	0.800	52.5%	0.875
80%	0.775	49.0%	0.850
85%	0.753	45.5%	0.825
90%	0.733	42.0%	0.800
95%	0.716	38.5%	0.775
100%	0.700	35.0%	0.750

5. 商场建筑能耗指标实测值的修正方法

一般认为客流量是影响商场建筑能耗强度的显著因素，客流大必然会带来商场能耗的增加。然而，针对商场建筑能耗调研所收集的实际用能数据反映客流量对商场建筑能耗强度的影响并不显著，两者相关性差。进一步分析其原因发现：商场建筑无论客流量是多少，其照明灯均需开启，电梯仍在运转，空调也在运行状态且新风量并不随客流量变化，采用的是固定模式甚至不开新风，在此种条件下，客流量的增加仅仅带来人体热负荷的增加，这对建筑总能耗来说，影响就不大了。

从已有的实际用能数据来看，商场建筑的能耗强度受使用时间的影响更为显著。基于此，本条文依据北京、上海、深圳等地开展的建筑能耗统计、能源审计以及能耗监测所取得的商场建筑用能及使用强度的基础数据，经统计分析后确定了针对其使用时间的商场建筑能耗指标实测值修正公式，如下所示：

$$E_{cc} = E_c \cdot \delta \tag{3-7}$$

$$\delta = 0.3 + 0.7\frac{T_0}{T} \tag{3-8}$$

式中　E_{cc}——商场建筑能耗指标实测值的修正值；

　　　E_c——商场建筑能耗指标实测值；

　　　δ——商场建筑使用时间修正系数；

　　　T——商场建筑年实际使用时间（h/a）。

说明：

当商场建筑实际使用时间即营业时间较长、$T > T_0$ 时，可采用上述公式对商场建筑能耗指标实测值进行修正。不同商场建筑年实际使用时间下的修正系数 δ 如表 3-11 所示。

不同商场建筑年实际使用时间下的修正系数　　　　表 3-11

超市		百货/购物中心		一般商铺	
T(h/a)	δ	T(h/a)	δ	T(h/a)	δ
5500	1.000	4570	1.000	5000	1.000
5775	0.967	5027	0.936	5400	0.948
6050	0.936	5484	0.883	5800	0.903
6325	0.909	5941	0.838	6200	0.865

续表

超市		百货/购物中心		一般商铺	
T(h/a)	δ	T(h/a)	δ	T(h/a)	δ
6600	0.883	6398	0.800	6600	0.830
6875	0.860	6855	0.767	7000	0.800
7150	0.838	7312	0.738	7400	0.773
7425	0.819	7769	0.712	7800	0.749
7700	0.800	8226	0.689	8200	0.727
7975	0.783	8683	0.668	8600	0.707
8760	0.739	8760	.0.665	8760	0.700

6. 蓄冷系统的能耗指标修正

蓄冷空调是目前国家大力发展和推广的空调系统之一，其利用夜间低谷负荷电力制冷，并储存在蓄水或蓄冰等蓄冷装置中，白天通过融冰或者水池释冷将所储存冷量释放出来，减少电网高峰时段空调用电负荷及空调系统装机容量。由于蓄冷空调能充分利用夜间低谷电价，故其"节钱"效应显著，但实际上由于蓄冷空调需要在夜间采用电力制冷，在白天又需融冰或水池释冷以提供冷量，这与常规空调相比会增加能源的消耗，因此该系统并不"节能"。

然而，从减少电网高峰时段空调用电负荷的作用来看，蓄冷空调实现的是"大节能"，即能降低全社会供电系统的建设费用和提高供电效率。同时，蓄冷空调作用的大小主要源于蓄冷量占总供冷量的比例影响。综上所述，本条文规定了采用蓄冷系统的公共建筑，其能耗指标实测值按蓄冷系统全年实际蓄冷量占建筑物全年总供冷量的比例进行修正的方法，如以下公式和表格所示：

$$e' = e_0 \times (1 - \sigma) \tag{3-9}$$

式中　e'——采用蓄冷系统的公共建筑能耗指标实测值的修正值 [kWh/(m² · a)]；

　　　e_0——采用蓄冷系统的公共建筑能耗指标实测值 [kWh/(m² · a)]；

　　　σ——蓄冷系统能耗指标实测值的修正系数，按表 3-12 取值。

蓄冷系统能耗指标实测值的修正系数　　　　　　　　　　　　表 3-12

蓄冷系统全年实际蓄冷量占建筑物全年总供冷量比例	σ
小于等于 30%	0.02
大于 30%且小于等于 60%	0.04
大于 60%	0.06

3.6　严寒和寒冷地区建筑供暖能耗

建筑供暖能耗不仅与建筑本体的热工性能相关，还与建筑内人的使用行为模式、热力管网系统运行调节状况、输配管网效率以及热源设备效率密切相关。因此，民用建筑能耗标准中，对于建筑供暖系统能耗的考核与管理，除应考核建筑供暖系统综合性指标——建筑供暖能耗指标以外，还应考核建筑耗热量指标、管网热损失率指标、管网水泵电耗指标和热源热量转换效率指标等，用以评价建筑供暖终端用能、能源输配效率和能源转换效率等性能。建筑供暖能耗相关指标的框架见图 3-1 所示。

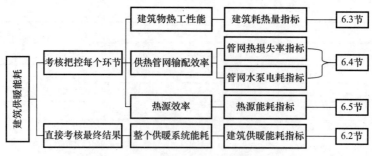

图 3-1　建筑供暖能耗相关指标框架图

现就其中各项指标值的确定方法一一进行说明。

3.6.1　建筑耗热量指标

建筑供暖耗热量就是在供暖季由供热系统实际送入建筑的热量。供暖耗热量与由建筑保温水平决定的建筑供暖需热量有关，也与供热系统运行状况有关。当由于运行调节不当导致室内温度超出建筑需热量时，就形成过量供热，导致建筑供暖耗热量高于建筑的供暖需热量。建筑供暖需热量就是为了满足冬季室内温度舒适性要求所需要向室内提供的热量。单位建筑面积的供暖需热量与建筑的体形系数、围护结构传热系数、室内外的通风换气量以及室内温度等有关。表 3-13 给出了不同省份不同节能标准下的居住建筑需热量值。可以看出，随着建筑节能工作的深入，北方地区建筑供暖需热量已有显著的降低。

基于我国建筑能耗的现状，根据《民用建筑节能设计标准（居住采暖部分）》JGJ 26—1995（二步节能）的建筑耗热量水平确定约束值，根据《严寒和寒冷地区居住建筑节能设计标准》JGJ 26—2010（三步节能）的建筑耗热量水平确定引导值。建筑耗热量指标实测值应小于其对应的建筑耗热量指标约束值；有条件时，宜小于其对应的建筑耗热量指标引导值。

我国不同地区建筑的设计需热量　　　　　　　　　　　　　　表 3-13

省份	城市	建筑需热量 GJ/(m² · a)			
		1980 年以前	30%节能标准	50%节能标准	65%节能标准
北京	北京	0.56	0.44	0.26	0.19
天津	天津	0.53	0.42	0.25	0.2
河北省	石家庄	0.47	0.38	0.23	0.15
山西省	太原	0.64	0.48	0.29	0.21
内蒙古自治区	呼和浩特	0.77	0.56	0.36	0.27
辽宁省	沈阳	0.72	0.54	0.33	0.27
吉林省	长春	0.87	0.62	0.37	0.34
黑龙江省	哈尔滨	0.96	0.68	0.39	0.34
山东省	济南	0.42	0.33	0.21	0.14
河南省	郑州	0.39	0.31	0.2	0.12
西藏自治区	拉萨	0.56	0.44	0.29	0.15
陕西省	西安	0.41	0.32	0.21	0.12
甘肃省	兰州	0.63	0.48	0.28	0.2
青海省	西宁	0.68	0.53	0.35	0.24
宁夏回族自治区	银川	0.63	0.51	0.31	0.24
新疆维吾尔自治区	乌鲁木齐	0.83	0.6	0.36	0.29

上述供暖需热量并非实际的建筑供暖能耗。图 3-2 所示是北方省会城市或供热改革示范城市的实际耗热量状况调查结果，图中 C1～C18 是按城市所处纬度从高到低排列，从图中可以看到，我国北方供暖地区城镇实际的供暖耗热量大体位于 0.4～0.55 GJ/(m² · a)，平均约在 0.47GJ/(m² · a)，应注意这是热源总出口处计量的热量，扣除 5%左右的一、二次管网热损失，则建筑内实际消耗的热量约为 0.45GJ/(m² · a)，高于平均建筑需热量 0.33GJ/(m² · a) 的 35%左右。

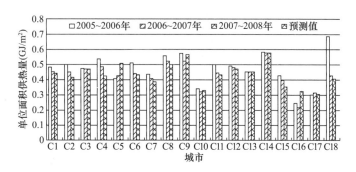

图 3-2 不同地区实际耗热量状况（图中是热源总出口处计量热量）

注：城市 C1～C5 位于严寒地区，C6～C18 位于寒冷地区。在这 18 个城市中，C18 以燃煤锅炉作为主要热源，C5、C6、C7、C8、C12、C13、C14、C17 以热电联产作为主要热源，C1、C2、C3、C4、C9、C10、C11、C15、C16 两种供热方式兼有。

供暖系统实际送入建筑内的热量不等于供暖需热量。当实际送入建筑的热量小于供暖需热量时，供暖房间室温低于 18℃，不满足供暖要求。这是以前我国北方各城市冬季经常出现的情况。随着供暖系统的改进和对人民生活保障重视程度的提高，目前实际出现的大多数情况是由于各种原因使得实际供热量大于供暖需热量，表现出的现象就是部分用户室温高于 18℃，有时有的用户甚至可高达 25℃以上。同时，过高的室温引起居住者的不舒适，为了避免过热，居住者最可行的办法就是开窗降温，这就大幅度加大了室内外的空气交换量，从而进一步加大了向外界的散热，增加了供暖能耗。之所以出现建筑实际耗热量高于需热量的现象，主要是由于供热系统调节不当，导致不同建筑不同房间之间供热量与需热量不匹配，各个用户的室内温度冷热不均，在目前末端缺乏有效调节手段的条件下，为了维持温度较低用户的舒适性要求，热源处只能整体加大供热量，这样就会使得其他用户过热，造成过量供暖损失。再一个原因是供热系统未能根据气候的变化及时调节供热量，导致天气变暖时系统仍维持较大的供热量，致使供热初寒期和末寒期出现整个系统的过量供热现象。供暖系统节能的主要任务之一就是通过各种技术、政策和机制尽可能地降低实际的过量供热程度，使实际供热量尽可能接近供暖需热量。然而，由于控制调节的各种困难以及激励行为节能各种机制在实施中的困难，很难完全消除过量供热现象。并且，实际系统中，系统规模越大，调节越困难，出现过量供热的程度也就越高。考虑这种实际问题，按照实测数据根据系统规模给出了不同的过量供热率，建筑耗热量指标是由建筑节能标准实际需热量再加上过量供热而得到的。

3.6.2 输配系统能耗指标

我国的集中供热系统示意图如图 3-3 所示。城市热网和庭院管网属于集中供热系统的输配系统，承担着将热量从热源输配到楼栋入口的任务。为了考核输配系统的运行情况，需要从管网热损失率指标和管网水泵电耗指标两方面进行评价。

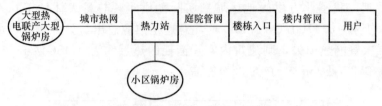

图 3-3 集中供热系统示意图

1. 管网热损失率

表 3-14 所示是实际测试某北方地区 7 个小区的庭院管网损失。可以看出，我国目前的集中供热系统管网损失参差不齐，差异非常大。对于城市集中大热网一次网来说由于管理水平较高和采用直埋管技术，热损失在 1%～3%。

庭院管网热损失实测结果 　　　　　　　　　　　　　　　　　表 3-14

	管网保温损失率	管网漏水热损失率	管网总热损失率
小区 1	5.3%	2.9%	8.2%
小区 2	3.2%	0.1%	3.3%
小区 3	6.6%	0.1%	6.7%
小区 4	11.7%	1.5%	13.2%
小区 5	6.2%	0.4%	6.6%
小区 6	9.2%	0.9%	10.2%
小区 7	5.6%	1.9%	7.5%

供热规模越大，输配系统的管网热损失也越大。根据实测结果制定管网热损失率指标的约束值和引导值，如表 3-15 所示。

管网热损失率指标的约束值和引导值 　　　　　　　　　　　　表 3-15

建筑供暖系统类型	管网热损失率指标（%）	
	约束值	引导值
区域集中供暖	5	3
小区集中供暖	2	1
分栋分户供暖	0	0

2. 管网水泵电耗指标

实测北京地区部分小区锅炉房的耗电量情况如图 3-4 所示。该电耗包括一次网循环泵耗、二次网循环泵耗和锅炉的辅助用电，例如鼓风机等用电。其中，直供系统的平均电耗为 2.33kWh/(m² · a)，间供系统的平均电耗为 2.11kWh/(m² · a)。间供系统电耗较低的原因在于其一次网温差大，流量小，水泵电耗有所降低。

目前，北方地区热力站二次网耗电量约为 1～4kWh/m² 之间，如果平均为 2kWh/m²，则相当于每平方米耗能约为 650gce，占到供暖总能耗的 4%，供暖成本的 10%。如果采用各种技术管理手段将二次管网平均电耗降低为 1kWh/m²，则北方地区每年可节约用电约 100 亿 kWh，具有非常大的节能潜力。所以，依据实际的电耗情况制定水泵电耗指标标准如表 3-16 所示。

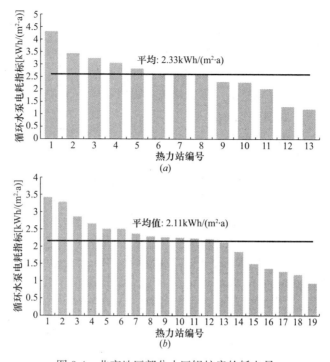

图 3-4 北京地区部分小区锅炉房的耗电量
（*a*）北京市直供系统热力站循环水泵电耗指标；（*b*）北京市间供系统热力站循环水泵电耗指标

管网水泵电耗指标标准 表 3-16

供暖期（月）	管网水泵电耗指标〔kWh/(m² · a)〕	
	约束值	引导值
4	1.7	1
5	2.1	1.3
6	2.5	1.5
7	2.9	1.8
8	3.3	2

3.6.3 热源能耗指标

热电联产方式热源需要由其产生的电力和热量分摊所消耗的燃煤。怎样分摊这些燃煤，有多种不同的方法。目前，电力部门按照锅炉产热效率把热电联产产热量折合为燃煤，从输入的燃煤中扣除，所剩余的燃煤作为发电煤耗。这样热电联产的产热效率就和燃煤锅炉完全相同，热电联产的效益仅表现在其发电煤耗大幅度降低的特点上。这样不能正确认识热电联产的节能本质。考虑到电能和热能两种能源之间巨大的品位差异，采用烟方法来分摊，才可以更科学地反映出热电联产方式利用不同品位的能源承担不同任务这一特点，反映出热电联产的节能特征。

这样，标准中对热电联产热源，按照烟分摊法对供热煤耗进行分摊计算：

$$C_Q = \frac{\sum_{i=1}^{m}\left(C_{h,j} \times \frac{\lambda_{hw} \cdot Q_{s,i}}{0.0036 \cdot E_{out,i} + \lambda_{hw} \cdot Q_{s,i}} + E_{in,i} \times c_e\right)}{\sum_{i=1}^{m} Q_{s,i}} \tag{3-10}$$

$$\lambda_{hw} = 1 - \frac{T_0}{T_{ws} - T_{bw}} \ln \frac{T_{ws}}{T_{bw}} \qquad (3-11)$$

式中　C_Q——热源能耗指标实测值，当燃料为燃煤或全部为电力时，单位为 kgce/GJ；当燃料为燃气时，单位为 m³ 燃气/GJ。

　　　$C_{h,i}$——热源全年燃料消耗量，当燃料为燃煤时，单位为 kgce/a；当燃料为燃气时，单位为 Nm³ 燃气/a。

　　　m——热网包含的热源个数。

　　　$E_{in,i}$——耗电量（kWh/a），当热源为锅炉时，为全年锅炉房耗电；当热源为水源热泵、地源热泵等电驱动热泵时，为全年热源耗电；当采用热电联产时，该值为 0。

　　　$E_{out,i}$——当热源为热电联产时，为热电厂全年净输出电量（kWh/a，发电量减去厂用电）。

　　　c_e——发电能源消耗率，对燃煤热电联产电厂、燃煤锅炉房和水源热泵、地源热泵热源，取全国平均供电煤耗 0.320kgce/kWh；对天然气热电联产，和天然气锅炉房，取全国平均燃气供电效率 0.2Nm³ 天然气/kWh。

　　　$Q_{s,i}$——供暖期热源出口实测的供热量（GJ/a）。

　　　λ_{hw}——一次网热水㶲折算系数，是热水理论情况下能够转化为最大有用功占能源总量的比例，㶲折算系数 λ 在 0～1 之间。

　　　T_0——为该热源所在地区的"平均温度≤+5℃期间内的平均温度"（《民用建筑供暖通风与空气调节设计规范》GB 50736—2012），单位为开尔文（K）。

　　　T_{ws}——热源一次网热水供水温度，单位为开尔文（K）。

　　　T_{bw}——热源一次网热水回水温度，单位为开尔文（K）。

供热煤耗是根据供暖期间热源的运行状况计算得到，而不是根据热源厂全年的运行状况进行计算。这是因为热电联产电厂在非供暖季的运行状况很不相同，如果按照全年的运行结果计算，则非供暖季发电小时数会在很大程度上影响计算出的供热煤耗。这样就不能真实反映供暖期的实际能耗状况。所以，按照这一标准计算时，应仅使用供暖季的燃料消耗量、发电量和供热量。

以北京某电厂的运行数据为例采用㶲分摊法计算其供热煤耗：该电厂供暖期间，总上网供电量为 20455.6 万 kWh，总供热量为 175.9 万 GJ，耗煤量为 11.1 万 tce。一次网供回水温度为 110℃与 50℃，其对应㶲折算系数为 0.232。将上述运行数据代入公式可计算得到供热煤耗为 22.5kgce/GJ。将全国各地目前热电联产及锅炉的供热煤耗进行如上计算可得表 3-17 所示（显示部分）。根据实测数据的平均值最终确定各种不同系统的约束值，再将考虑采用各种节能措施后可实现的煤耗值作为引导值，如表 3-18 所示。

一些典型热电厂的供热煤耗　　　　　　　　　　　　　　表 3-17

名称	机组容量（MW）	供电量（万 kWh）	供热量（万 GJ）	耗标煤量（万 tce）	供热煤耗（kg/GJ，按 350gce/kWh 供电煤耗）
河北国电某电厂	330	89391.7	251.8	38.7	29.4
山西大唐某电厂	300	171168.4	455.0	71.7	26.0
山西大唐某电厂	200	100525.2	325.9	46.5	34.7
北京中电某电厂	200	20455.6	175.9	11.1	22.7
内蒙古京能某电厂	135	75066.7	277.4	34.6	30.1
内蒙古中电投某电厂	135	81259.0	527.6	43.5	28.6

热源能耗指标标准   表 3-18

建筑供暖系统类型	燃煤热源效率指标（kgce/GJ）		燃气热源效率指标（Nm³/GJ）	
	约束值	引导值	约束值	引导值
区域集中供暖	22	18	27	20
小区锅炉房或分布式热电联产集中供暖	43	38	32	29
分栋/分户供暖	—	—	32	30

3.6.4 建筑供暖能耗指标

通过上一节计算得出的分项供暖能耗指标，可以进一步计算得到集中供暖系统的燃气供热能耗指标。

对于集中供热方式的建筑，其建筑供暖能耗指标实测值应按照下式计算：

$$E_{bh} = (q_s + e_{dis} \times c_e)\beta \tag{3-12}$$

$$q_s = \frac{\sum_{i=1}^m Q_{s_i} c_{Q_i}}{A_s} \tag{3-13}$$

式中 E_{bh}——建筑供暖能耗指标实测值 $[kgce/(m^2 \cdot a)]$ 或 $[Nm^3/(m^2 \cdot a)]$；

       q_s——热源供热量实测值 $[GJ/(m^2 \cdot a)]$；

       C_{Q_i}——热源效率指标实测值（kgce/GJ 或 Nm³/GJ）；

       e_{dis}——供热管网水泵电耗指标实测值 $[kWh/(m^2 \cdot a)]$，其获取方法见本《标准》6.4.5；

       A_s——系统承担的总的供暖面积（m²）；

       Q_{s_i}——第 i 个热源输出的热量（GJ/a）；

       m——总的热源数目；

       c_e——全国平均火力供电标准煤耗或者火力供电燃气耗值，取 0.320kgce/kWh 或 0.2Nm³/kWh。

对于分户或分栋供暖方式的建筑，其供暖能耗指标实测值应按照下式计算：

$$E_{bh} = \frac{E_s}{A}\beta \tag{3-14}$$

式中 E_s——为供暖系统供暖季所消耗的燃煤、燃气或电力，根据燃料种类其量纲分别为 kgce、Nm³、kWh。

       A——为供暖建筑面积（m²）。

       β——气象修正系数：

$$\beta = \frac{HDD_0}{HDD} \tag{3-15}$$

式中 HDD_0——以 18℃为标准计算的标准供暖期供暖度日数；

       HDD——以 18℃为标准计算的当年供暖期供暖度日数。

以煤和燃气为主要能源形式的建筑供暖能耗指标的约束值和引导值分别应符合表 3-19 和表 3-20 的规定。

建筑供暖能耗指标的约束值和引导值（燃煤为主）　　　　表 3-19

省份	城市	建筑供暖能耗指标 [kgce/(m² · a)]			
		约束值		引导值	
		区域集中供暖	小区集中供暖	区域集中供暖	小区集中供暖
北京	北京	7.6	13.7	4.5	8.7
天津	天津	7.3	13.2	4.7	9.1
河北省	石家庄	6.8	12.1	3.6	6.9
山西省	太原	8.6	15.3	5	9.7
内蒙古自治区	呼和浩特	10.6	19	6.4	12.4
辽宁省	沈阳	9.7	17.3	6.4	12.3
吉林省	长春	10.7	19.3	7.9	15.4
黑龙江省	哈尔滨	11.4	20.5	8	15.5
山东省	济南	6.3	11.1	3.4	6.5
河南省	郑州	6	10.6	3	5.6
西藏自治区	拉萨	8.4	15.2	3.6	6.9
陕西省	西安	6.3	11.1	3	5.6
甘肃省	兰州	8.3	14.8	4.8	9.2
青海省	西宁	10.2	18.3	5.7	11
宁夏回族自治区	银川	9.1	16.3	5.7	11
新疆维吾尔自治区	乌鲁木齐	10.6	19	6.9	13.3

建筑供暖能耗指标的约束值和引导值（燃气为主）　　　　表 3-20

省份	城市	建筑供暖能耗指标 [Nm³/(m² · a)]					
		约束值			引导值		
		区域集中供暖	小区集中供暖	分栋分户供暖	区域集中供暖	小区集中供暖	分栋分户供暖
北京	北京	9.0	10.1	8.7	4.9	6.6	6.1
天津	天津	8.7	9.7	8.4	5.1	6.9	6.4
河北省	石家庄	8.0	9.0	7.7	3.9	5.3	4.8
山西省	太原	10.0	11.2	9.7	5.3	7.3	6.7
内蒙古自治区	呼和浩特	12.4	13.9	12.1	6.8	9.3	8.6
辽宁省	沈阳	11.4	12.7	11.1	6.8	9.3	8.6
吉林省	长春	12.7	14.2	12.4	8.5	11.7	10.9
黑龙江省	哈尔滨	13.4	15.0	13.1	8.5	11.7	10.9
山东省	济南	7.4	8.2	7.1	3.6	4.9	4.5
河南省	郑州	7.0	7.9	6.7	3.1	4.2	3.8
西藏自治区	拉萨	10.0	11.2	9.7	3.9	5.3	4.8
陕西省	西安	7.4	8.2	7.1	3.1	4.2	3.8
甘肃省	兰州	9.7	10.9	9.4	5.1	6.9	6.4
青海省	西宁	12.0	13.5	11.8	6.1	8.3	7.7
宁夏回族自治区	银川	10.7	12.0	10.4	6.1	8.3	7.7
新疆维吾尔自治区	乌鲁木齐	12.4	13.9	12.1	7.3	10.0	9.3

3.6.5　小结

建筑供暖系统能耗指标包括：建筑耗热量指标、建筑供暖输配系统能耗指标（包括管网热损失率指标和管网水泵电耗指标）、建筑供暖系统热源能耗指标和建筑供暖能耗指标。

（1）建筑耗热量指标是指为满足冬季室内温度舒适性要求，在一个完整供暖期内需要向室内提供的热量除以建筑面积所得到的能耗指标，按照北方地区省会城市给出。该指标用以考核建筑围护结构本身的能耗水平及楼内运行调节状况。《民用建筑节能设计标准（居住采暖部分）》（二步节能）的建筑耗热量水平是约束值的确定依据，《严寒和寒冷地区居住建筑节能设计标准》（三步节能）的建筑耗热量水平是引导值的确定依据。

（2）管网热损失率指标是指管网热损失指标除以热源供热量指标得到的比例，按照建筑供暖系统类型给出。约束值根据实际管网热损失测试的平均水平给出。引导值是在约束性指标值的基础上降低 50%。

（3）管网水泵电耗指标是指一个完整供暖期内供热管网水泵输配电耗除以建筑面积得到的指标，按供暖期长度给出。约束值根据实际管网热损失测试的平均水平给出。引导值是在约束性指标值的基础上降低 50%。

（4）建筑供暖系统热源能耗指标为全年热源供热所消耗的能源与供热量的比值，用于评价热源全年的平均供热效率。约束值由各类不同的热源能耗指标值实测值平均水平得到。引导值是考虑采用了各种先进节能手段后所能达到的极限。

（5）建筑供暖能耗指标是指一个完整供暖期内供暖系统所消耗的能源量除以建筑面积所得到的能耗指标，包括在供暖热源所消耗的能源和供暖系统水泵输配电耗。该指标的约束值与引导值均依据上述各分项指标值的约束值和引导值最终确定。

第4章　标准的应用场景

建筑节能是一个系统工程，不仅要制定合理的政策法规引导和约束能源消耗，还必须在规划、设计、建造、运行的全过程贯彻这些政策和理念、实行有效的监督和管理才能取得实质的节能效果。本章按照省市、城区、建筑和能源系统的层次，分别从宏观、中观、微观尺度自上而下地介绍本《标准》的应用场景，论述应用本《标准》进行政策制定、落实节能管理的方法及案例，以期最终实现建筑节能的目的和目标。

4.1　省市建筑能耗总量控制

自"生态文明建设"理念提出以来，能耗总量控制已逐步成为建筑节能工作的总体目标，有研究指出，未来我国建筑能耗总量应尽可能控制在 11 亿 tce 以内。能源供给和消费的管理、统计工作由各省市分别执行，为落实国家总体目标，推动各省市的建筑能耗总量目标制定和路径设计十分重要。

目前，已有部分省市根据当地建筑能耗实际水平和国家未来建筑能耗，制定了"十三五"建筑能耗总量的控制目标，响应生态文明建设的宏观要求。这样，省市区域范围的建筑能耗总量统计工作，是地方政府开展建筑节能监管和评价的支撑。

各地区建筑能耗状况有较大差异，这是因为：①气候条件造成的冷热需求差异，各地区气候条件不同，建筑能耗水平也会有差异；②经济水平产生的建筑使用强度差异；③地区功能地位产生的建筑类型分布差异；④人口与城镇化率、建筑规模产生的累计差异。这些差异对各省市的能耗统计带来一定的困难。为便于各省市开展建筑能耗总量控制工作，本节针对如何开展区域范围内的能耗总量计算进行分析。

1. 当前缺乏各地区建筑能耗的直接统计数据

国家和各省市统计年鉴中，能源消耗量按照生产部门进行分类，包括：农、林、牧、渔、水利业，工业，建筑业，交通运输、仓储和邮政业，批发、零售业和住宿、餐饮业，其他，生活消费等七个类别（图 4-1）。根据各类能耗的内容来看，批发、零售业和住宿、餐饮业，其他，生活消费等三个类别的能源消耗绝大部分属于建筑能耗，而仓储和邮政业中也有部分能耗属于建筑能耗。此外，从这些统计数据来看，也难以直接拆分出不同类型建筑能耗的情况。

针对区域能耗情况，现有一些研究者提出采用自下而上的能耗统计计算模型进行分析，这里较为有影响的包括清华大学的杨秀[④]针对中国建筑能耗的特点建立了 CBEM 模型，以及国家发展改革委能源所采用 LEAP 建立的建筑能耗模型。杨秀的模型将建筑能耗

---

④　杨秀. 基于能耗数据的中国建筑节能问题研究 [D]. 北京：清华大学建筑学院，2009.

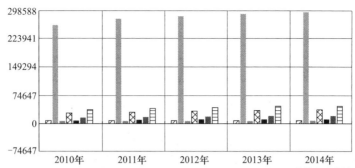

图 4-1　终端能源消耗的分类

分为北方城镇供暖能耗、夏热冬冷地区城镇供暖能耗、城镇住宅除供暖外能耗、农村住宅能耗和公共建筑除集中供暖外能耗等五类，各类型用能组成如图 4-2 所示。

国家发展改革委能源所建立的建筑能耗模型，在建筑用能分类上与 CBEM 模型有差别，而在能耗强度、宏观保有量等指标方面，差别不大。采用自下而上的能耗模型进行计算，需要对大量和系统的调研数据进行整理分析，包括不同功能建筑使用强度、各种终端用能项（HVAC、热水、照明等使用方式和技术类型）和各类建筑对应的保有量等，模型计算的输入参数需要持续更新，工作量非常大。这样的模型更适合科研机构进行深入的能耗特点和宏观研究分析，各省市政府很难就建筑用能相关的数据，投入巨大的人力、物力进行系统调研。

2. 如何利用本《标准》确定各地区指标

本《标准》为各省市开展建筑能耗统计工作提供了有利的条件。在本《标准》中，不同地区各类建筑能耗的约束值和引导值指标是根据当地实际调查数据获得的。

约束性指标值根据当地能耗调查数据进行选择，以反映不同气候区代表各类民用建筑能耗现状水平的平均值略高一点为指标值。通过分析评价达到约束指标值的情况，可以计算该地区该类建筑能耗总体水平，进而可以分析出各类建筑能耗总量值。

各省市区域内的建筑能耗可以根据下面的计算公式获得：

$$建筑能耗总量 = \sum_{建筑用能类型}（能耗强度 \times 面积） \tag{4-1}$$

其中，建筑用能类型包括四类，即：北方城镇供暖，公共建筑，城镇住宅和农村住宅。对于南方非集中供暖地区的省市，不含北方城镇供暖用能。标准中除农村住宅能耗指标值未给出外，其他三类都有相应的数据。农村住宅用能强度可以参考城镇住宅，以及省市统计年鉴中居民生活用能的农村居民用能。

在本《标准》中对公共建筑中的办公建筑（含党政机关办公建筑和商业办公建筑两类）、旅馆建筑（含三星级及以下、四星级和五星级三类）和商场建筑（含百货店、购物中心、超市、餐饮店和商铺等五种）的能耗强度提出了相应的指标值，这为更进一步明确公共建筑用能特点提供了支撑。

开展省市区域内的建筑能耗统计，需要完成以下几个方面的工作：

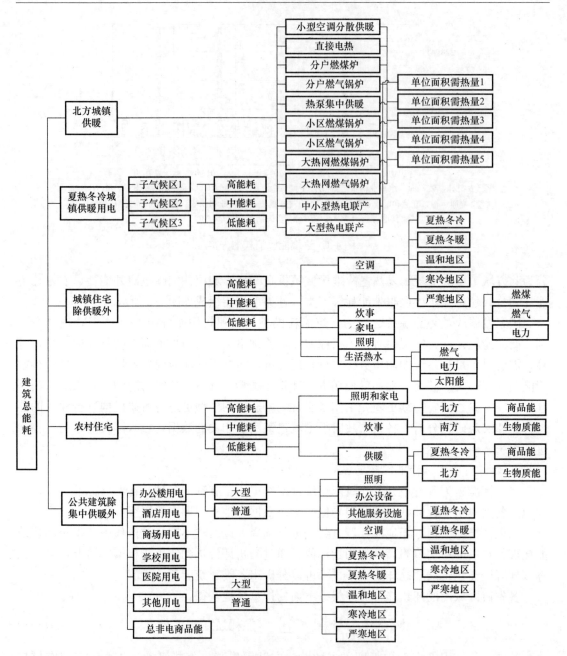

图 4-2 CBEM 对我国建筑能耗的分类图

第一，根据省市所在地区及本《标准》，确定各类建筑能耗的能耗强度值。根据省市所在的气候区，对照本《标准》中列出的约束性指标数值，确定各类建筑能耗强度平均值；有条件的省市，可以根据当地的能耗统计数据，完善或修正本《标准》中建筑能耗约束性指标值，用修正后的数据替代。

第二，获得不同类型建筑面积规模，以及城乡居民的户数。从统计部门或者房产管理局获得各类建筑的面积或户数数据。

第三，根据公式（4-1）计算获得本省市区域内的建筑能耗。

　　以中部地区某省为例，分别采用 CBEM 能耗模型计算、本《标准》约束值计算法和统计年鉴数据估算三种方法，计算该省的建筑能耗。

　　2013 年，该省人口总量约为 7150 万人，城镇化率约 48%。公共建筑面积 4.3 亿 m^2，城镇住宅 14.4 亿 m^2，农村住宅 17.8 亿 m^2。

　　CBEM 模型的各项输入参数根据当地保有量统计数据（如设备拥有率）、各类能耗强度调查数据，以及统计年鉴中的其他相关数据获得。

　　在本《标准》中，各类型建筑能耗强度如表 4-1 所示。

本《标准》中各类建筑约束性指标值　　　　　　　　　　表 4-1

建筑类型		约束值
政府办公	A 类	70
	B 类	90
商业办公	A 类	85
	B 类	110
商场	A 类	130
	B 类	225
商铺	A 类	90
旅馆		
三星	A 类	110
四星		135
五星		160
三星	B 类	160
四星		200
五星		240
其他		160
城镇住宅	电耗	3100
	燃气	240
农村住宅	电耗	2400
	燃气	240

　　通过数据分析计算，得到三种方法的建筑能耗如表 4-2 所示。

中部地区某省建筑能耗统计计算（万 tce）　　　　　　表 4-2

	本《标准》计算	CBEM 模型计算	统计年鉴数据估算
公共建筑	1531.5	1501.2	—
城镇住宅	1445.6	1443.9	—
农村住宅	1052.3	1055.9	—
总计	4029.3	4001.0	4067.3

　　由表中数据可知，采用本《标准》计算方法，与 CBEM 模型计算和统计年鉴计算数据相比差异不大。而本《标准》计算一方面能够获得不同类型建筑能耗，另一方面也大大节省了数据输入的工作量，适用于各省市区域内建筑能耗的统计工作。

3. 推进各地区建筑能耗量统计

本《标准》的出台，为各地开展以实际能耗数据为依据的建筑节能工作提供了有利的支撑。与此同时，也可以帮助各地进行建筑能耗总量的数据统计。概括来看，主要分为以下五个步骤：

第一，首先对本区域内的建筑能耗现状进行分析，整理分析地方能耗统计和监测数据，掌握当前建筑能耗水平和特点。

第二，根据当地的建筑用能分类（如是否包括北方城镇供暖），对照本《标准》中的各类建筑能耗指标，以及当地的实际能耗统计数据，编制地方建筑能耗标准，确定各类建筑指标值。

第三，对照统计年鉴数据，逐年更新人口和建筑规模统计量，抽样调查各类建筑能耗达到约束性指标值的比例。

第四，根据人口和建筑规模等保有量和各类建筑能耗指标，确定该地区建筑能耗总量。

第五，当建筑能耗水平基本达到指标要求时，根据统计数据更新指标值，并进一步分析当地建筑节能工作开展的情况。

通过以上的工作，可以为政府部门制定建筑节能工作目标，明确节能发展路径提供支撑。

自上而下确定分地区发展目标

全国建筑能耗总量控制目标为 11 亿 tce，

各省市控制目标分别是：_____ tce

自下而上提出相应的技术发展路径

_____省/市实现建筑总量控制的路径：

公共建筑：目标值_____，其中，各类约束指标值为____，通过____等措施，在 2017 年前____％低于约束值。

城镇住宅：目标值_____，其中，各类约束指标值为____，通过____等措施，在 2017 年前____％低于约束值。

北方供暖：目标值_____，其中，各类约束指标值为____，通过____等措施，在 2017 年前____％低于约束值。

农村住宅：目标值_____，其中，各类约束指标值为____，通过____等措施，在 2017 年前____％低于约束值。

4.2 城区能源规划指标设定

4.2.1 能源规划分类

能源规划具有广泛的含义和不同的类型，从规划对象上看可以是包含全部能源种类的综合规划或者某一能源种类（如电力、燃气、集中供热）的专项规划；在空间尺度上可以是服务于国家、省市、地区的宏观规划，也可以是服务于社区和建筑群开发建设的中观规划，甚至是服务于建筑层面的微观规划；在时间维度上可以对应于城市发展的总体规划、详细规划及设计建造等不同的阶段。近年来，针对绿色低碳城区的建设，发展出了区域建筑能源规划，针对的是在城市详细规划阶段，满足社区建成环境的冷、热、电等二次能源需求，具有一定的代表性，本节主要针对城市片区尺度的能源规划。

能源规划的最终目的是要实现能源需求与供给的平衡，这其中又要权衡经济、环境、社会发展等因素。不论何种类型，能源的需求预测都是能源规划的基础。建筑能耗标准中的单位建筑能耗强度指标值（EUI）是基于不同建筑的统计分析结果，可为能源需求预测提供基线与依据。

不同阶段和类型的规划对能源预测的要求不同。本书从能源预测的特点和要求出发，将能源规划分为总体规划、详细规划和能源系统规划三个层次。表 4-3 归纳了能源规划中使用能耗标准的目的、方式及适用的阶段。

建筑能耗标准在区域能源规划中的应用　　　　　　　　　　表 4-3

使用目的	使用方式	参考指标	规划类型/阶段
制定能源发展目标	作为能耗基线，预测能耗	约束值/引导值	总体规划/详细规划
确定能源设备容量	作为校正依据，预测负荷	约束值	详细规划/能源系统规划

总体能源规划，对应于城市规划中的总体规划阶段，包括各种能源发展规划、战略规划等。这类规划是根据当地经济和社会发展对能源的需求，以及资源环境约束，制定的长远规划。总体能源规划主要阐述能源发展的方向，确定主要发展目标。规划编制中主要涉及能源消费的结果，即能源消费总量的预测，并以能源消费总量为基础衍生出各种控制指标。作为一种中长期的战略发展规划，总体能源规划中的发展目标可参考建筑能耗标准中的引导值，设定适度超前的节能目标，强化资源环境约束、有效应对气候变化的挑战。

详细能源规划，对应于城市规划中的控制性详细规划阶段，如电力、燃气专项规划及区域建筑能源规划等。城市规划中的控规以量化指标对总规中的原则、意图和宏观控制转化为对用地的三维空间定量、微观的控制，具有宏观与微观、整体与局部的双重属性。这个阶段的能源规划也具有类似的特征，既包含对总规阶段目标的分解，又涉及对能源设备容量的规划，在能源预测时不仅要知道能源消费的结果（能耗），又要了解瞬时的能源需求（负荷）。负荷的确定宜参考能耗标准中的约束值，一方面传统的电力、燃气等能源供应侧规划有一定安全性的考量，过于激进的目标容易导致供能不足的隐患，但电力、燃气规划目前使用的指标法过于粗放，不能适应新时期能源需求侧主动调节、节能降耗的要求。

能源系统规划，对应于单体建筑的规划设计阶段，针对建筑群和建筑的能源系统配置，是建筑节能的重要组成部分。这个阶段建筑的形态和功能较为明确，便于详细了解建筑的使用规律和用能行为。建筑能源系统的配置需要首先了解终端用能需求，这就要求把能耗数据转化为终端负荷。负荷的确定宜参考能耗标准中的约束值，这是一个现实条件下的平均能耗水平，通过特定的方法换算为负荷后用于确定即将投运的设备容量。

4.2.2　应用本《标准》制定发展目标

1. 能耗预测方法

区域总体能耗的预测方法可采用指标法，以标准中给出的各类建筑能耗强度指标 EUI

作为基线（对于居住类建筑应按照户均面积计算 EUI）按照以下公式计算：

$$E_t = (1-\alpha) \cdot \sum_i EUIG_i \cdot A_i + \alpha \cdot \sum_i EUIC_i \cdot A_i \qquad (4\text{-}2)$$

式中　E_t——区域总体建筑能源消耗量（kWh）；

　　$EUIG_i$——第 i 类建筑的引导性能耗指标（kWh/m²）；

　　$EUIC_i$——第 i 类建筑的约束性能耗指标（kWh/m²）；

　　　A_i——第 i 类建筑的建筑面积（m²），根据既有和规划的建设总量进行拆解；

　　　α——[0~1] 之间的权衡系数，根据规划期或情景设定选取。制定短期规划时取小值，制定中长期规划时取大值；中等节能减排情景时取小值，高级节能减排情景时取大值。

　　该方法预测的是建筑部门的能源消耗，对于一个居住社区或第三产业为主的区域，建筑能耗基本可以代表区域的总体能耗水平。对于城市规模以上的能源规划，总能耗还需要综合考虑工业生产过程能耗和交通能耗。

　　2. 能源发展目标

　　总体能源规划阶段的发展目标涉及能源消费总量、能源效率、能源结构、环境保护和能源安全等各种指标。表 4-4 是一个能源规划指标体系的示例，其中能源消费总量、能源效率及环境保护相关的指标为约束性指标，在经济发展的前提下，保障能源的供应安全、实现节能减排是能源规划的重要目的。

城市能源规划的指标体系　　　　　　　　　　　　　　　表 4-4

分类	指标	单位	属性
能源总量	能源消费总量	万 tce	约束性
	发电煤炭消费量	万 tce	约束性
能源效率	单位 GDP 能耗	tce/万元	约束性
	人均能耗	tce/人	引导性
	地均能耗	tce/km²	引导性
	单位工业产值能耗	tce/万元	引导性
	主要公共建筑能耗强度	kWh/m²	引导性
能源结构	公共交通清洁能源比例	%	引导性
	煤炭占能源消费总量比重	%	引导性
	天然气占能源消费总量比重	%	引导性
	可再生能源占能源消费总量比重	%	引导性
环境保护	单位 GDP 碳排放下降率	%	约束性
	化学需氧量排放量减少	%	约束性
	二氧化硫排放量减少	%	约束性
	氨氮排放量减少	%	约束性
	氮氧化合物排放量减少	%	约束性
能源安全	供电可靠率	%	引导性
	电网容载比	—	引导性
	天然气储备能力	d	引导性
	成品油储备能力	d	引导性
	煤炭储备能力	d	引导性

在能源发展指标体系中，与能源消费总量的预测相关的指标主要是能源消费总量、能源效率和能源结构。

（1）能耗总量目标。能耗总量指标用于能源消费的总量控制，采用式（4-2）进行预测计算。采用建筑能耗标准中的指标值计算总能耗的方法，体现了需求侧节约的综合资源规划理念，将能源的节约视为一种资源，用刚性的限制给出了能源消费的天花板，这与能耗标准颁布的初衷是一致的。标准中已经提出了针对使用强度的修正方法，在规划制定时宜根据人口等信息合理修订能耗指标。

（2）能源效率指标。此处能源效率指的是能源利用的经济效率，常用能源强度来表示，是能源消费总量与所产生的某项经济指标、实物量或服务量之比。能耗总量能源效率指标包括单位 GDP 能耗（tce/万元），单位工业产品或产值能耗（tce/吨产品、tce/万元），单位服务量能耗（kgce/单位采暖面积，kgce/单位建筑面积），反映土地利用效率的地均能耗（tce/用地面积），反映人员利用效率的人均能耗（tce/人）等。可见，单位服务量指标中的就是建筑能耗标准中的 EUI，可供能源规划参考和引用。一般而言，能源效率指标的设定至少要低于当地平均水平，并与全国先进城市/城区进行对标后优选先进但合理的指标值。

（3）能源结构指标。能源结构指标可用某一类能源消费量与能源消费总量之比表示。目前，世界能源低碳化进程进一步加快，天然气和非化石能源成为世界能源发展的主要方向。在我国，煤炭作为主要一次能源导致雾霾天气频发，能源供给和利用方式的变革已成为社会的广大共识。降低煤炭消费量，提高清洁能源和可再生能源在能源结构中的比重已成为迫切要求，也是能源规划的主要任务。我国正在大力推广天然气等清洁能源和太阳能、风能、浅层地能等可再生能源，相关指标的制定，如可再生能源利用率等，必须根据当地资源禀赋和供给能力合理设置，不应为了博人眼球而故意夸大，造成目标脱离了实际情况而难以实现。

4.2.3　应用本《标准》确定设备容量

在详细能源规划阶段需要确定设备的容量，如电力规划中的变电设施容量，燃气工程规划中的供气、储气设施的容量，建筑能源规划中的空调、采暖设备的容量等，这就涉及负荷的预测。负荷预测常采用带有经验性质的负荷指标法，这是一种静态的估算方法，往往造成负荷的高估、设备选型过大，设备长期在低负荷率和低效率下运行，部分冗余甚至设备长期闲置，造成了投资的浪费。

通过能耗模拟获取动态负荷特征用以确定设备的容量是值得推荐的方法。图 4-3 给出了通过实际能耗进行校验后，获取负荷指标的方法，能耗值来源于建筑能耗标准的约束值。

首先基于当地的调研数据建立各类典型建筑模型，用本《标准》中的能耗强度数据对模型进行校验，根据建筑节能设计标准和建筑用能趋势等对模型参数进行情景设置，模拟计算得到不同类型建筑不同情景的全年逐时负荷指标（W/m²），根据规划信息等预测每种情景出现的概率，进而得到综合情景的典型建筑逐时负荷指标。在获得单体建筑负荷指标后，根据区域内各类型建筑的总面积，计算得到区域建筑群的逐时负荷。

在规划编制过程中使用逐时负荷指标显得过于繁杂。将预测的负荷指标通过当量满负荷小时数转化为负荷指标，便于规划编制和工程实践中采用，见式（4-3）所示。转化为

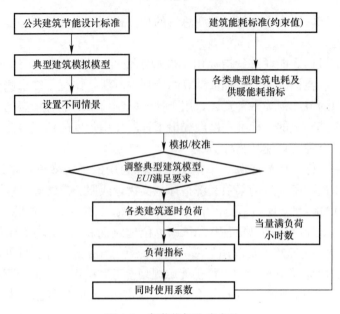

图 4-3　负荷指标生成方法

简单负荷指标后仍然需要计算同时使用系数，以考虑负荷参差率造成的峰值减少，参见式（4-4）。这种经过校验后的负荷指标，不同于以往拥有过大余量的指标，是反映实际用能水平的指标。

　　该方法尤其适用于能源需求侧的建筑用能设备规划。而电力、燃气等能源供应侧规划，是以供能安全为前提的，对于一些重要负荷需求，过分强调能源的节约是不恰当的，此处提出的方法可作为参考。对于安全性要求不是非常高的情况，如三级电力负荷，其变电设施的选取宜参考本方法适当降低设备容量，通过一定的保证率实现需求侧的主动调节是实现建筑节能的重要路径。

$$q_e = \frac{Q_e}{\tau_e} \tag{4-3}$$

式中　q_e——负荷指标（kW）；

　　　Q_e——累计负荷指标（kWh）；

　　　τ_e——当量满负荷小时数（h）。

$$t_e = \frac{q_{max}}{\sum_i q_{i,max}} \tag{4-4}$$

式中　t_e——同时使用系数；

　　　q_{max}——区域（各类建筑叠加）最大峰值负荷（kW）；

　　　$q_{i,max}$——各类建筑的最大负荷（kW）。

　　由于国家机关办公建筑与大型公建能耗监测和分项计量工作开展时间尚短，所收集的基础数据尚不足以支撑分项能耗指标的制定。而若采用技术测算的方法，所得结果与实际往往偏差较大。因此，经编制组讨论确定现阶段本《标准》仅给出总能耗指标，未来有可能纳入分项计量的研究成果，则能耗指标的校验和负荷指标的输出将更为精确。

4.3　建筑碳交易市场配额分配

4.3.1　国内碳市场运行状况

自 2011 年 10 月，国家发展改革委陆续批准了北京、天津、上海、重庆、深圳、广东、湖北七个省市开展碳排放交易试点工作。启动以来，七个试点基本建成了责权明晰、运行顺畅、交易活跃、履约积极的碳交易市场体系，且在运行过程中积累了很多有益的经验，对于能源转型发挥了积极作用，也极大地推进了碳排放权交易机制建设，为建立全国碳市场提供了丰富的经验和教训。

据统计，2015 年纳入七个试点碳交易平台的排放企业和单位共有 2391 家，分配的碳排放配额总量合计约 12 亿 t，2015 年度碳交易总量约 1.01 亿 t。就覆盖行业来说，各试点省市均覆盖了第二产业高能耗、高排放的行业，如电（热）力、水泥、石化、钢铁（冶金）等行业，北京碳市场还纳入了服务业，上海碳市场还纳入了商场、宾馆等非工业行业（表 4-5）。

各试点省市碳交易市场覆盖行业　　　　　　　　　　　　　　表 4-5

序号	试点省市	覆盖行业
1	深圳	电厂、制造业
2	上海	工业行业：钢铁、石化、化工、有色、电力、建材、纺织、造纸、橡胶、化纤 非工业行业：航空、港口、机场、铁路、商业、宾馆、金融
3	北京	工业行业：电力、热力、水泥、石化、其他工业 服务业：高校、商业办公、医院、商场、酒店等企业
4	广东	电力、水泥、石化、钢铁
5	天津	钢铁、电力、化工、石油、石化
6	湖北	电解铝、铁合金、电石、烧碱、水泥、钢铁
7	重庆	电解铝、铁合金、电石、烧碱、水泥、钢铁

在配套法律制度的建设方面，在国家层面，2014 年 12 月 10 日国家发展改革委发布《碳排放权交易管理暂行办法》，分别从各级管理部门职责、配额管理、排放交易、核查与配额清缴、监督管理和法律责任等方面作了相关规定。在试点省市层面，各碳排放交易试点省市在启动碳市场后陆续发布了所在地方的碳交易管理办法，但未有试点省市单独对某一行业的碳排放权交易管理进行进一步的细化规定（表 4-6）。

各试点省市碳交易配套法规　　　　　　　　　　　　　　表 4-6

序号	试点省市	相关配套法规制度
1	深圳	《深圳经济特区碳排放管理若干规定》、 《深圳市碳排放权交易管理暂行办法》
2	上海	《上海市碳排放管理试行办法》
3	北京	《关于北京在严格控制碳排放总量前提下开展碳排放交易试点工作的决定》、 《北京市碳排放权交易管理办法（试行）》
4	广东	《广东省碳排放管理试行办法》

序号	试点省市	相关配套法规制度
5	天津	《天津市碳排放权交易管理暂行办法》
6	湖北	《湖北省碳排放权交易管理暂行办法》
7	重庆	《重庆市碳排放权交易管理暂行办法》
8	国家层面	《碳排放权交易管理暂行办法》

此外，非试点地区碳市场也启动了准备工作。2015 年以来，江苏、甘肃、新疆、浙江、江西、福建等省份先后公布了碳市场建设方案。四川与福建两省在碳交易管理办法建设中走在了前列。截至 2016 年年底，各省市都已完成了全国碳市场启动前的碳排放核查工作。

4.3.2　国内碳交易运行机制的介绍

我国碳市场采用的是总量控制交易的分配制度。政府给温室气体排放企业设置二氧化碳排放配额，如果企业想排放更多二氧化碳就必须从市场上购买排放额，如果企业实施了减排措施，用不完分配到的排放额，就可以把余下的配额在交易市场上出售。

为了保证碳交易顺利进行，七个试点碳市场的省市制定出了碳交易运行体系，具体包含主体、配额分配、报告、监督、核查和交易等环节。

4.3.2.1　主体设计

1. 上海市碳交易试点主体设计

上海碳交易试点在主体设计时是先考虑责任主体企业，再以确定边界的方式明确公共建筑主体。

1）确定排放量门槛

首先按工业与非工业分别确定年碳排放量达到一定量的企业范围。2012 年 7 月，《上海市人民政府关于本市开展碳排放交易试点工作的实施意见》明确，"商业、宾馆、金融等非工业行业 2010～2011 年中任何一年二氧化碳排放量一万 t 及以上的重点排放企业，应当纳入试点范围"，按规定实行碳排放报告制度，获得碳排放配额并进行管理，接受碳排放核查并按规定履行碳排放控制责任。

2）筛选重点排放企业

对于重点排放企业，首先明确应将大型公共建筑纳入，再用排除法筛选。考虑到"十一五"期间上海市商业、宾馆等大型公共建筑的碳排放总量达 1053 万 t，年均增长 11%，其总量虽不大但增速快，服务业的附加值高，如进一步降低其单位能耗，将有助于本市完成"十二五"规划单位 GDP 二氧化碳排放量下降 19% 的目标，可适当纳入交易体系。同时，考虑到连锁商业等虽然企业总排放量大但分属于许多个单体建筑，排放源较分散、管控难度较大，在试点阶段监管和标准体系尚不完善的情况下，可暂不纳入。此外，考虑到碳排放交易对于企业有一定的压力，在确定重点排放企业时还排除了社会公益、民生行业的企业。

3）明确核算边界

经以上过程确定被纳入上海碳交易试点的包括旅游饭店、商场、房地产业及金融业法人单位。按相应的核算指南即《上海市旅游饭店、商场、房地产业及金融业办公建筑温室气体排放核算与报告指南》（沪发改环资〔2012〕189 号）核算其排放量时不包括：排放主体所拥有或租赁的交通车辆在运输过程中所产生的温室气体排放；排放主体所拥有建筑内部分区域对外出租经营，且承租方独立向能源供应商缴付能源费用的，该部分能源消耗所导致的温室气体排放。

4）建筑纳入结果

因此，实际上纳入上海市碳排放管理的是单体建筑，且该单体建筑一般为单一所有权的公共建筑。碳交易履约责任由拥有该建筑的业主或管理该建筑的主体承担，包括单体建筑内能源消耗所导致的直接和间接排放，不包括其中单独设立用能账户的租户的排放。

2. 深圳市碳交易试点主体设计

深圳市对于公共建筑纳入碳排放交易体系主要是从其建筑面积考虑。

2014 年 3 月 19 日深圳市人民政府发布的《深圳市碳排放权交易管理暂行办法》第十一条规定："大型公共建筑和建筑面积达到 1 万 m² 以上的国家机关办公建筑的业主"属于碳排放单位（以下简称管控单位），实行碳排放配额管理。其中，大型公共建筑一般是指单栋建筑面积 2 万 m² 以上且采用中央空调的公共建筑。市政府可以根据本市节能减排工作的需要和碳排放权交易市场的发展状况，调整管控单位范围。管控单位名单报市政府批准后应当在市政府和主管部门门户网站以及碳排放权交易公共服务平台网站公布。

2012 年 11 月，《深圳市建筑碳排放权交易实施方案》通过了住房和城乡建设部科技司组织的专家评审，2013 年 3 月通过了国家发展改革委气候司的评审。深圳市完成了 200 栋建筑的碳排放核查、核证工作，并颁发了约 200 栋建筑的配额确认书。2013 年，深圳市住房和城乡建设局、市建筑科学研究院和排交所进行建筑碳交易试模拟上线，对建筑模块的信息管理系统、报送系统和交易系统三个系统进行模拟，并对首批纳入碳交易的建筑业主、使用人以及物业公司负责人进行了培训，已完成首批 197 栋建筑在信息管理系统的注册登记工作。

3. 北京市碳交易试点主体设计

北京市碳排放权交易试点确定主体的方法是：不分行业，从责任主体为企业出发确定重点排放单位。

根据《北京市发展和改革委员会关于开展碳排放权交易试点工作的通知》中的明确规定，北京市碳排放权交易主要针对行政区域内源于固定设施的排放：

（1）年二氧化碳直接排放量与间接排放量之和大于 1 万 t（含）的单位为重点排放单位，需履行年度控制二氧化碳排放责任，是参与碳排放权交易的主体；

（2）年综合能耗 2000tce（含）以上的其他单位可自愿参加，参照重点排放单位进行管理。

（3）符合条件的其他企业（单位）也可参与交易。

北京试点与深圳试点一样未公开纳入碳排放权交易范围的建筑主体名单。但根据北京市发展与改革委为核定新增设施排放配额而公布的公共建筑先进值（医院等公用设施除外）来看，纳入的建筑主体包括：高校和工程技术研发类、零售业、政府办公机构、其他服务业、大型医院类、互联网、软件和信息技术服务业与航空运输业。其中，互联网、软件和信息技术服务业的核算范围不仅包括建筑相关能耗排放，也包括 IT 设备的排放；航空运输业则主要为机场等建筑相关能耗排放，不含移动源。

4.3.2.2 配额分配

1. 上海市碳交易建筑配额分配

上海市碳排放交易试点阶段配额分配全部采用免费分配方式。在分配方法上，对商场、宾馆、商务办公等建筑，采用历史排放法。

建筑采用的历史排放法是综合考虑企业的历史排放基数和先期减排行动等因素，确定企业年度碳排放配额。历史排放基数是根据企业 2009～2012 年排放边界和碳排放量变化情况而定。先期减排行动配额是指在 2006～2011 年期间实施了节能技改或合同能源管理项目，且得到国家或本市有关部门按节能量给予资金支持的。先期减排配额量依据其获得资金支持的核定节能量所换算的碳减排量的 30% 确定。

2. 北京市碳交易建筑配额分配

北京市碳排放交易配额分配也主要采用免费方式。《关于开展碳排放权交易试点工作的通知》(京发改规〔2013〕5 号)中明确了北京市重点排放单位排放配额由既有设施配额、2013 年新增设施配额、配额调整量三部分组成。既有设施的配额核定采用基于历史排放总量的配额核定方法和基于历史排放强度的配额核定方法。新增设施的配额核定按所属行业的二氧化碳排放强度先进值进行。已完成配额核定的重点排放单位，如果提出配额变更申请，北京市发展改革委对有关情况进行核实，确有必要的，在次年履约期前参考第三方核查机构的审定结论，对排放配额进行相应调整，多退少补。对企业新增设施二氧化碳排放配额按所属行业的二氧化碳排放强度先进值进行核定。

3. 深圳碳交易建筑配额分配

为保障配额分配的公平性和建筑能耗增长的空间，深圳建筑配额分配综合考虑了建筑节能设计标准、能耗现状水平及未来发展趋势、节能减排成本等因素，以控制建筑碳排放强度为目标，确定各类民用建筑能耗限额标准，以各类建筑能耗强度限额值作为建筑碳排放配额确定的依据，不同类型建筑的配额＝此类型建筑能耗限额值×能耗排放因子×建筑面积。

深圳市配额分配方法采用免费发放，减少交易成本。其中，能效限额值综合考虑建筑节能设计标准、深圳建筑运行能耗统计分析和未来增长潜力等多个因素后，将根据市建筑节能目标进行适当调整，每隔 3～5 年调整一次。

4.3.2.3 碳排放报告、监督、核查

国内试点省市都通过颁布行业核算报告和核查指南，认可相关核查机构、建立报送系统等工作，相继建立起了初步的监测、报告和核查体系，在管理流程上也大体类似，基本都是采用企业监测、报告排放、第三方机构进行核查的方式。

1. 上海碳排放交易

根据《上海市碳排放管理试行办法》，上海市碳排放交易中，纳入配额管理的单位应当于每年 12 月 31 日前，制订下一年度碳排放监测计划，明确监测范围、监测方式、频次、责任人员等内容，并报市发展改革部门。纳入配额管理的单位应当加强能源计量管理，严格依据监测计划实施监测。监测计划发生重大变更的，应当及时向市发展改革部门报告。

纳入配额管理的单位应当于每年 3 月 31 日前，编制本单位上一年度碳排放报告，并报市发展改革部门。年度碳排放量在 1 万 t 以上但尚未纳入配额管理的排放单位应当于每

年 3 月 31 日前，向市发展改革部门报送上一年度碳排放报告。

上海市碳排放核查制度，是由第三方机构对纳入配额管理单位提交的碳排放报告进行核查，并于每年 4 月 30 日前，向市发展改革部门提交核查报告。市发展改革部门可以委托第三方机构进行核查；根据本市碳排放管理的工作部署，也可以由纳入配额管理的单位委托第三方机构核查。

2. 北京碳排放交易

北京碳排放交易也建立了规范的监测、报告和核查制度。北京规定年度综合能耗 2000tce 及以上的在京登记注册企业为北京市温室气体排放的报告报送单位，须建立重点能耗活动水平数据和排放因子定期测量机制。

北京市二氧化碳排放报告制度遵循"谁排放谁报告"原则，对于大型公共建筑，直接和间接排放二氧化碳的固定设施的运营企业是报告责任主体。大型公共建筑的出租方有义务督促承租方尽其责任。北京市碳排放交易要求企业每年 3 月 20 日前完成排放报告初次填报，再由核查机构查看报告并开展核查工作，最后重点排放单位修改调整排放报告，最终提交最新排放和核查报告。

在核查制度上，要求重点排放单位每年 4 月 5 日前需向市主管部门提交加盖公章的纸质版碳排放报告和核查报告。市主管部门将对碳排放报告和核查报告进行审核和抽查。北京市实行第三方核查机构和核查员的双备案制度，对碳排放报告实行第三方核查、专家评审、核查机构第四方交叉抽查方式。

3. 深圳碳排放交易

深圳市根据现有节能监管体系的工作基础，在借鉴 ISO1464-1、ISO1464-3 以及国家建筑行业标准《民用建筑能耗数据采集标准》JGJ/T 154—2007 的基础上，保障数据的科学性、可操作性和准确性，编制了《建筑物温室气体排放的量化和报告规范及指南》和《建筑物温室气体排放的核查规范及指南》，为建筑物温室气体的监测、报告和核查提供了依据。

深圳市碳排放交易的建筑碳核查是以单栋建筑物或红线范围内的建筑群为单位，围绕运行阶段能源消耗引起的碳排放量进行碳核查。关键核查两方面内容：一是影响配额分配的物理边界参数，主要是功能和面积；二是报告期内的碳排放量，即运行阶段电、气等能源消耗量，采用现场巡视和审查资料的方法，以具有法律效力的文件和数据为支撑依据。

4.3.2.4　交易平台

政府部门为了能推动碳排放权的顺利交易，建立了交易平台方便买卖双方进行碳排放权交易，并配套相应的政策规范市场行为。如上海市在上海环境能源交易所设置了碳排放交易平台，为所有纳入配额管理的单位和其他机构投资者提供统一的服务，并配套了《上海环境能源交易所碳排放交易规则》、《上海环境能源交易所碳排放》等共六套政策规范，引导碳市场健康发展。深圳试点在设计时拟形成工业、建筑和交通三个独立运行的交易板块。然而到本书编写时为止，深圳市尚未正式启动公共建筑的碳排放交易。北京试点中对公共建筑的做法与上海类似，将公共建筑业的交易纳入统一的市级交易平台以统一的规则交易，但北京并没有公布各分行业企业参与碳交易的数据。因此，我们也无法得知公共建筑参与交易的情况。

4.3.3 标准对建筑碳市场的支撑作用

目前，我国碳交易配额分配采用历史排放法和基准线法相结合的方法，不同省市对不同类型碳排放企业采用的方法不一。各试点省市碳交易配套法规如表 4-7 所示。

各试点省市碳交易配套法规 表 4-7

		北京	天津	上海	重庆	湖北	广东	深圳
	无偿分配	逐年分配	逐年分配	一次性分三年	逐年分配	逐年分配	逐年分配	逐年分配
配额分配	方法	历史法和基准法	历史法和基准法	历史法和基准法	政府总量控制与企业竞争博弈	历史法、标杆法	历史法和基准法	制造业竞争性博弈法，建筑业排放标准
	有偿分配	预留年配总量的 5% 用于定期拍卖和临时拍卖	市场价格出现较大波动时	适时推行拍卖等有偿式，履约期曾拍卖	暂无	政府预留30%配额拍卖，开市前曾拍卖	有偿配额（企业配额 3%）和储备配额，每季 1 次配额竞价	年度配额的3%用于拍卖，履约期曾拍卖

基准线法是一种根据企业生产的产品类别来确定单位产品的二氧化碳排放权的配额分配方式，通过为企业树立一个公允的二氧化碳排放参照标杆，为企业创造公平的减排制度环境，对同性质、同功能的建筑来说，其碳排放强度要求是一致的。

采用历史排放法在操作性上具有一定的便利性，但根据建筑历年的排放状况进行配额分配，效率低的主体可能会获得更多的配额，对于积极实施节能改造的主体有失公平。此外，不同类型和功能的建筑碳排放强度存在显著差异，简单的历史法无法对效率高的主体产生有效激励，反而可能造成"鞭打快牛"的情况。因此，与历史排放法相比，基于基准线法的建筑碳交易机制更具有公平性。

基准线法的前提是制定合理的碳排放配额基准，本《标准》的出台，对碳交易基准线法的完善及推广起到了坚实的支撑作用。本《标准》对全国不同气候区、不同类型建筑的用能约束值、引导值进行了详细的规定，并给出了针对特殊条件下的修正方法，为各省市制定及完善当地碳排放配额基准提供了科学依据，有力地推动了碳交易市场的健康发展。

4.4 新建公共建筑能耗控制及管理

4.4.1 按本《标准》控制新建公共建筑能耗总量的必要性

随着建筑节能领域的技术进步与管理进步，大量新材料、新技术的应用，新建公共建筑的能源消耗量（按单位面积全年实际用能量计）应该相比既有建筑大幅度降低。但这些新建公共建筑投入使用后的实际用能情况实测结果却难以令人满意。例如，上海对近年来投入使用的六十余座绿色建筑示范项目，其中绝大多数是公共建筑，进行能耗实测，发现结果"非常不理想"，绿色建筑竟然耗能不少。报告指出，"由于对高新技术的盲目崇拜，导致一批绿色建筑成为新技术的低效堆砌"。清华大学对绿色建筑实际使用情况后评估研究中也发现类似问题。同样的事情不仅发生在中国，美国也有相当一批获得 LEED 认证的绿色建筑的能耗却居高不下。2009 年美国学者 John H. Scofield 公布的两份材料指出：在美国获得 LEED 认证的建筑物，其单位面积实际能源消耗量，平均值要比同类型未获得认证建筑物的能耗强度高出 29%。出现这样问题的关键，在于本《标准》没有出台之前，新建公共建筑节能考核难以用能源消耗量的绝对量（例如单位建筑面积能耗强度）来设定目标。

另一方面，仅有目标还不够，由于公共建筑功能性强、系统复杂，在设计、安装、调试、运行、控制等过程中任何一点小的错误、失误或把控缺失，都可能极大地降低最终系统运行效率，这也就造成了很多"节能"技术不能正常发挥其效果，这也就对公共建筑从建造到验收到运行的生命周期都提出了极高的要求，需要建立围绕该能耗目标的、贯穿整个设计建设周期全过程的约束、检查、管理体系。如果审视公共建筑的生命周期全过程，会发现存在着严重的"漏斗效应"，如图 4-4 所示。

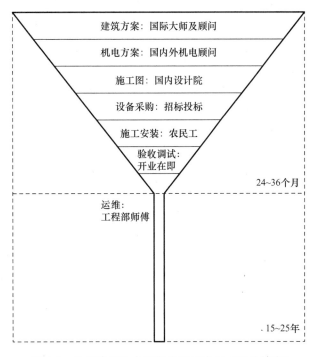

图 4-4 公共建筑生命周期全过程中的"漏斗效应"

由"国际"、"顶级"、"大师"们经过无数轮讨论、修改、熬夜而确定的设计方案，最终需要由国内设计院进行配合、出施工图；而国内设计院的重要职责就是要根据中国和当地的各种规范，修改之前设计方案中无法通过规范审查的部分，或者协调、修改各个专业相互"打架"的地方；安装施工应该严格"按图施工"，但现实是现场的情况远比图纸复杂得多，而且不论多么高资质的施工企业，"最后一道手"、真正把设备安装到指定位置、负责最后一厘米接线的基本上都是农民工；而最终要对公共建筑进行长达 20 年以及更长时间的运行的，是以保安、保洁、维修和处理投诉为主要任务的物业管理部门。

显而易见，在这样一个过程中，建筑能耗目标相关信息传递的缺失、对上游信息的理解和把握出现偏差、在实际执行过程中的妥协和改动等，是每个工程中绝对存在的。如果把"大师"们的成果定为 100 分，给之后的每个环节打 80 分，由于各个环节之间对最终结果的影响是"乘积"的关系，那么可以简单地算出来，经过几个环节之后最终的得分就是个不及格的数字。从控制能源消耗、节能的角度讲，最初设定的能耗目标，被一层层地"漏掉了"。

从建筑物长期使用过程中的运行能耗出发设定目标，加强新建公共建筑全过程的节能管理，非常必要。

4.4.2 按本《标准》要求建立新建公共建筑贯穿全过程的能耗约束指标

从能源消耗"总量控制"的角度出发，以实际运行中的能耗量作为新建公共建筑控制目标，建立相应的管理流程，主要工作包括：

（1）在公共建筑项目立项之初、开展设计工作之前，就明确该公共建筑在建成投入使用后需要将运行能耗控制在某一个确定的数值以下，即设定"能耗目标"，由投资建设方以正式文本的方式报规划部门备案；

（2）将这一控制目标，作为贯穿建造和运行全过程的"硬指标"，各种技术文件或法律文件（如设计方案、设计图纸、招标技术要求、供货合同等）形成依此指标导向的招标投标和合同约束条款；

（3）在设计建设过程中的每一个阶段，采用不同的模拟分析或现场实测方法，定量评估"阶段成果"，如概念设计方案、初步设计方案、施工图、设备招标投标技术规格说明书等，对未来公共建筑运行能耗量的影响，判断这一"阶段成果"是否满足当初设定的能源消耗量目标值的要求，再将该"阶段成果"和评估结果一起向下一个环节传递；

（4）当公共建筑投入使用之后，在运行过程中始终监测实际能耗量，确保运行能耗始终控制在目标值以下，一直持续到公共建筑生命周期截止。

其中，新建公共建筑能耗目标的设定，应满足本《标准》的要求，并且在具体操作中，可以将本《标准》中的总体能耗指标分解，使得全过程管理工作可以更加细化和落地。

1．总体能耗指标

指标具体包括总量和强度量两种形式：总量指标包括总耗电量，总燃料耗量等；能耗强度指标通常用公共建筑提供单位服务量的能耗量来表示，如单位面积能耗，应满足本《标准》对应气候区、对应功能公共建筑的引导值要求。

其中，单位服务量不仅仅局限于"建筑面积"，各行各业还可依据其特定使用功能进行定义，如酒店的单位客房耗电量或燃料消耗量、交通枢纽的单位客流量能耗、医院的单位床位耗电量或燃料消耗量等，使得能耗约束与公共建筑的功能和日常管理紧密相关，便于得到公共建筑建设与管理各方面的理解与支持。

2．能源需求侧指标

"能源需求侧指标"主要包括冷热需求，例如空调需冷量、采暖需热量、生活热水需热量等。除总量外，还应包括其强度指标，如单位面积空调需冷量、采暖需热量，酒店单位客房生活热水需热量等。除了建筑形式、建筑保温、密闭性外，需求量的大小还在很大程度上与建筑的服务对象、也就是建筑的最终使用者有关。

3. 机电（能源）系统效率指标

"机电（能源）系统效率指标"主要指满足上述需求的建筑物机电（能源）系统的效率约束指标，如中央空调系统效率（包括冷站效率、空调系统末端输配系数等）、采暖系统、通风系统、生活热水系统以及变配电系统的效率等。机电系统效率高低除了与系统形式和设备优劣有关，还有机电系统的运行维护水平息息相关。精心维护、优化运行甚至可以把机电系统效率提高一倍。

4. 重要分项能耗指标

分项能耗指标，是用来清晰界定某项能耗的高低应该由谁来负责。例如，办公室的照明和办公设备的电耗偏高，应当由建筑物使用者来承担责任；中央空调系统的冷机电耗、水泵电耗、风机电耗偏高，则应当由物业管理部门的工程部负责等。分项电耗取决于某种特定的需求，以及满足这一需求的系统效率。

以电驱动集中空调系统为例，其能耗等于冷站各设备（冷机、冷冻泵、冷却泵、冷却塔风机等）与空调末端各设备（全空气系统风机、风机盘管风机、新风机等）的电耗总和。对于每一个设备的分项电耗，其电耗等于其制备或输配的冷量除以该设备的效率。为了控制空调系统能耗在约束值以内，主要可以通过两个途径实现：降低或约束树状结构中的需求侧，或提高效率侧的各个环节。其中，在新建公共建筑设计过程中，需求侧是计算出的"冷量需求"（Cooling Demand），可以通过优化围护结构、合理设定室内环境参数等进行降低；而在建筑建成后的运行过程中，需求侧为空调系统可实测的实际供冷量，可以根据实际建筑物使用状况（例如，商场的工作日白天往往人流量远低于设计值，办公楼中的办公室、会议室等中午时间段往往人员较少等），通过维持室内环境不过冷、新风量不过多等手段，在合理满足室内环境控制需求的前提下，有效降低实际供冷量。对于冬季供暖系统而言，也可采取与供冷系统相类似的能耗指标进行能源管理。

5. 运行能耗费用指标

运行能耗费用指标，主要包括以下三部分内容：

（1）能耗总量对应费用：例如总电费、总燃料（热力）费等；

（2）能耗强度对应费用：例如单位面积能耗费用，单位客房能耗费用等；

（3）反映某种需求对应的能耗费用：例如单位冷量费用，如第 4 章蓄冷一节中采用的"元/千瓦时冷"单位，对常规集中空调冷站、水蓄冷或冰蓄冷的冷站都可应用这一指标进行衡量；单位热量费用，通常采用"元/吉焦热"来衡量采暖和生活热水的供应经济性。

运行能耗费用指标与当地能源价格密切相关。例如，部分地区有峰谷电价、丰水期枯水期电价等，需要综合考虑。燃料价格、热力价格也在全年不同时期执行不同的价格标准，需仔细考虑。

6. 投资收益指标

投资收益指标，主要考虑以下内容：

（1）建筑物相关初投资：主要是指与降低能源需求侧指标相关的投资，例如外窗、玻璃幕墙、天窗、外墙、屋顶等围护结构相关投资。

（2）机电（能源）系统初投资：包括机电（能源）系统的主设备投资、辅助投资（包括辅助设备、材料，以及施工、调试、控制等工程实现费用），还应包括占用面积等。

（3）运行过程中的固定资产利用率：主要考虑冷机、锅炉、水泵、换热器等主要设备对应的资产利用率，以及占用面积的利用率。

7. 室内环境指标

传统上，大多数公共建筑以室内环境作为约束条件，在实现室内环境舒适性的前提下，尽量减小系统能耗。但按照能耗总量控制和本《标准》的要求，问题就变为以能耗为约束条件，以室内环境为优化目标。所以，在面向能耗量控制的公共建筑节能管理体系中，室内环境参数不再是约束条件，而是方案、设计、建造、调试和运行过程中必须优化的目标函数，也就是在满足能耗总量和安全要求的前提下，尽可能地提供一个更加健康、舒适的室内环境。考虑到室内环境指标的可测量性，建议将其主要作为建筑物建成投入使用之后的效果评价指标。以下参数可作为公共建筑室内环境状况的指标：

（1）室内温度均匀性指标：例如公共建筑的内区外区之间、高区低区之间、顾客停留的公共前区与后勤人员工作的后勤区之间等，在冬季、夏季往往存在较大的温差，不仅造成不舒适、抱怨，而且也会导致能耗的增加，应当作为关注的指标予以测量和限制；

（2）二氧化碳浓度指标：二氧化碳浓度是较常用的表征室内环境状况的参数，一方面应满足健康要求、不宜过高，另一方面，在实际人员密度较低（例如商场的工作日白天、办公楼人员外出、酒店客房住户外出时）时，也不宜长期保持过低水平，造成能源白白消耗；

（3）污染物浓度：可根据关注的区域不同，以不同的污染物浓度作为通风系统效果的评价指标，例如车库可测量一氧化碳来评价其排风系统效果及相应能耗，有较多餐饮的公共建筑可根据餐饮异味在公共区的探测结果，来评价其排风、补风系统的效果等。上述污染物浓度与公共建筑的风平衡、冷热平衡和能耗都密切相关，应当关注。

4.4.3 以能耗为约束目标贯穿全过程的节能管理流程

新建的公共建筑的建造全过程，投资方或业主对项目进行管控的方式可以划分为前期、中期和后期三个阶段，相应的能耗约束与管理也可划分为三个阶段。

1. 前期

通常建设方的工作包括：确定设计顾问或设计院，确定规划、建筑物设计、机电系统设计方案；然后确定施工图，再确定主要采购的设备和安装服务等。

（1）在设计招标投标阶段：应标的设计团队应明确给出该公共建筑未来投入使用后能控制到的能耗量指标数值，这一能耗量应低于相关标准对该地块上建设的公共建筑所设定的能耗量约束指标。能耗量应成为设计方案评审的基本指标，并将约束指标明确写入签署合同，设计团队承诺其后续提供的详细设计方案、施工图等文件都要满足能耗量约束指标；业主单位则需向规划和建设主管部门报送有关方案，并承诺该公共建筑建成后能源消耗量将控制在约束指标以内。

（2）在确定机电系统方案阶段：应通过模拟分析等手段，评估分析建筑物供冷供热需求量、空调系统能耗等，判断建筑设计方案、机电（能源）系统方案是否达到能耗量约束指标的要求，定量比选，最终确定方案。

（3）在施工图阶段：应进行详细模拟分析，进一步优化调整设计方案，确保设计方案达到能耗量约束指标的要求。

（4）工程采购和设备采购招标投标阶段：应明确对围护结构关键部件、机电（能源）系统主要设备采购和安装的技术要求。

（5）工程采购和设备采购合约阶段：将上述能耗量约束指标的要求，按具体的技术环节，分解并纳入到与工程承包商、设备供应商的合同管理与付款管理中，并明确未来的目标考核手段、约束值，及相应的法律和财务控制手段。

2. 中期

即安装施工过程。实际施工过程虽然相对较长，但机电系统安装、调试往往是室内二次装修之前的最后一道工序，届时各专业工种都在抢进度，导致实际建设过程中，机电系统的调试往往只是匆匆"走过场"。这一现状频繁导致了实际投入使用后的设备系统性能达不到设计要求或设备样本宣称的性能和效率，最终造成了能源消耗量和系统效率难以把控。这一阶段的主要工作包括：

（1）严格考核设计图纸、设备样本、设备清单、设计变更等资料的传递、接收和存储情况，并整理相关资料，确保文件完整、更新。

（2）对影响能耗的关键机电设备的单机的性能进行检验和调试，直至满足设计或合同所规定的性能参数；并且按设备实测的性能参数进行计算校核，判断其投入使用后能否满足能源消耗量约束指标的要求。

（3）对机电系统中的能源系统性能进行检验和调试，特别是系统的调节性能，按系统实测的性能参数（如水管、风道阻力，风口实际风量，冷冻水和热水的流量分配及阀门阻力等），进行计算校核，判断其投入使用后，能否满足能源消耗量约束指标的要求。

（4）对机电能源设备及系统的控制、监测、计量、运行数据存储等系统实际情况进行检验和考核，判断其投入使用后能否满足能源消耗量约束有效性的要求。

3. 后期

即长期运行管理阶段，既要满足建筑物的实际使用者、租户、功能的不断变化产生的实际需求，又要确保运行能耗始终控制在最初设定的能耗量约束值目标内。具体手段是：

（1）通过长期、详细的能耗计量，面向能源消耗量进行持续的节能管理，从需求侧和系统效率两个方面，不断改进、提升，确保建筑实际运行能耗量始终控制在设定的能耗量约束目标值以内。

（2）通过节能托管、合同能源管理、节能服务专业外包等方式，引入更专业、更高水平的节能服务商，进一步挖掘节能潜力，降低公共建筑运行能耗，提升公共建筑服务水平，促进现代服务业发展。

总结来看，在设计、建造、验收调试、运行各阶段，"能耗量"控制指标的检查与论证是一个不断反馈的过程。若某一环节某些指标不能满足目标值要求，则在该环节具体问题具体分析解决，并再次论证指标能否达到目标值要求，如此循环，直到问题全部解决，所有指标均满足目标值要求为止，才能进入下一环节（图 4-5）。

4.4.4　实施能耗目标管理的三个明确

在实际工程中，要想将上述节能管理流程落到实处，落实本《标准》的要求，必须做到：目标明确、责任明确和手段明确。

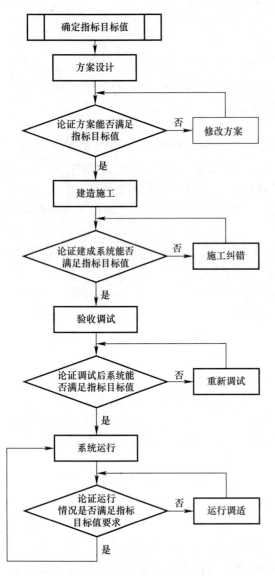

图 4-5　公共建筑能耗量指标全过程管理的流程

1. 目标明确：以能源消耗量作为明确的约束指标

不以"节能量"或"节能率"作为目标。因为"节能量"是需要和某一个参照物进行对比的，而参照物的选择极大地影响"节能量"，既不科学，也给所谓的"操作"或"数字游戏"留有很大空间。

同时，不以"选用多少项节能技术"作为目标。抓建筑节能虽然会促进建筑节能技术、产品的应用和发展，但不能本末倒置，以选用多少项节能技术或产品来进行评价，而是以实实在在的能源消耗量作为节能的评价标准。这就要求不仅要选对合适的节能技术、产品，还要安装好、调试好、运行好，反过来促进了建筑节能技术和产品的进步。

以实际能源消耗量作为约束目标，鼓励因地制宜、量体裁衣，避免公共建筑以节能、先进为名，行奢靡、浮华之实。

2. 责任明确：各主体、在各阶段的责任都要明确写入合同或相关法律文件

1）业主

业主是第一责任人。业主应当在向发改、规划和建设部门报建设计方案时，在文本中明确承诺公共建筑建成后应控制的能源消耗量，并向建筑节能主管部门备案。对于体量巨大或者政府投资的公共建筑项目，应当将承诺的能源消耗量约束值与实际运行值定期向社会公示，接受公众监督。

2）设计团队

在业主单位（即甲方）向建筑节能主管部门承诺和备案后，应当在与包括设计师、设计院、各专业顾问等在内的设计团队签署的合同中明确要求，设计团队所提交的各项设计成果，都应满足能耗量约束值的要求，并提供相应的技术文件作为证明。

设计团队不仅需要提供能满足能耗量约束要求的设计成果，而且需要将能耗量约束目标进行"任务分解"，给出后期施工、采购、调试、控制、调节等各个环节，承包商、供货商等相关主体，为实现能耗量约束目标所必须把控的关键技术参数。

3）工程承包商、设备供应商、系统集成商

甲方在与工程承包商，特别是与能耗量密切相关的机电承包商、幕墙承包商等，以及与机电（能源）系统主要设备的供应商、系统集成商等签署工程合同或采购合同时，应当包

括设计团队"任务分解"出的各项具体关键技术参数，并在合同中写明乙方履行合同必须达到的基本要求，并在合同中约定相应考核办法、评估方法、责任认定、付款与赔偿等细节。

4）运营管理和物业部门

甲方应要求运营管理和物业部门承担两个主要的责任：一是在工程验收、调试过程中，对与未来能源消耗量密切相关的设备、系统的验收调试进行现场监督，确保接收下来的设备、系统符合设计要求、符合合同规定的相关参数，并保证接收的图纸、样本、验收调试报告的真实性和完整性。二是在建筑物投入使用之后，应确保在建筑物安全运行的前提下，将能源消耗量控制在约束目标值以下。

3. 手段明确

为检验评估各相关主体在能耗量约束管理过程中是否真正地履行了相关责任，需要明确的评估考核手段。针对不同的阶段能够有相应的技术手段，对设计方案、图纸、安装好的设备、可投入运行的系统等，迅速、准确地计算出当前设计方案与设备系统性能参数下的公共建筑，在投入使用后的能源消耗量，从而实现科学、有效的评估。现有的主要技术手段包括以下方面。

1）针对设计方案的能耗模拟分析技术

经过多年的发展，针对建筑物及机电（能源）系统设计方案的能耗模拟分析技术已相当成熟。系统可以根据不同的建筑设计、围护结构选择、自然采光和人工照明系统设计方案、空调系统设计方案等，进行全年建筑物冷热需求量、空调系统冷冻站电耗、空调风系统电耗、照明电耗等的模拟分析计算。通过模拟分析工具，可对不同的设计方案计算其能耗量指标，并通过与承诺的能耗量约束值进行对比，进行方案评估或进一步的方案优化。

2）针对验收调试阶段的设备系统性能参数实测与能耗模拟分析技术

在公共建筑的幕墙、外窗等围护结构，以及机电（能源）系统主要设备及系统等安装调试完成后，通过现场测量的方法，得到围护结构和机电（能源）系统与能耗量密切相关的实际性能参数。由于调试往往不在系统的设计名义工况，借助能耗模拟技术，一方面能够检验其性能参数与设计图纸、样本等参数是否吻合，另一方面代入模拟分析程序，计算在实际安装、实际设备性能参数下建筑物的能源消耗量，并与承诺的能耗约束值进行对比。

3）针对运行阶段的能耗计量、运行调节后评估与节能诊断技术

在运行阶段，主要依据自控系统的详细能耗计量数据，对建筑物及其系统的运行调节进行实测评估；另一方面通过节能诊断，持续优化运行调节和控制，使得公共建筑的能耗量始终在承诺的约束值以内。

4.5 既有公共建筑能耗控制及管理

本《标准》适用于既有建筑的能耗管理，包括建筑能耗监测平台数据的分析、能源审计、节能改造等项目中的能耗水平判定，对建筑能源管理、建筑节能工作具有很强的可操作性，可推动公共建筑的合理用能。

4.5.1 能耗监测中的应用

近年来，大部分地区的国家机关办公建筑和大型公共建筑逐步实现分项能耗数据采

集，上传至能耗监测平台。能耗监测平台对主要能源种类划分进行采集和整理，如：电、燃气、水等；同时，对各类能源的主要用途划分进行采集和整理，如：空调用电、动力用电、照明用电等。

同时，平台的基本信息也包含建筑地址、建设年代、建筑层数、建筑功能、建筑总面积、空调面积、采暖面积、建筑空调系统形式等。因此，通过能耗监测平台，可以查看建筑能耗情况，计算某一个自然年的单位建筑面积能耗。图4-6、图4-7所示是某能耗监测平台的界面。

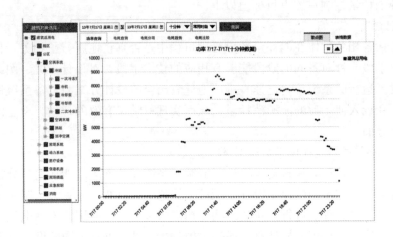

图4-6 能耗监测平台实时监测数据

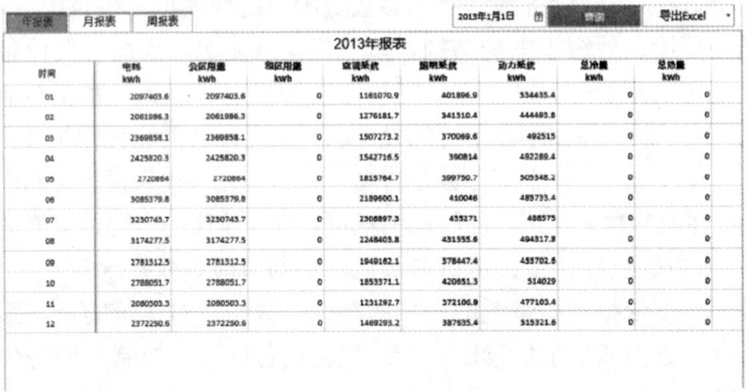

图4-7 能耗监测平台能耗年度报表

根据能耗监测平台的监测数据，可以查看不同系统、不同设备的能耗实时数据，以及某一年的整体能耗情况。根据建筑面积，计算当年的单位建筑面积能耗。通过对比本《标准》中不同类型建筑的能耗指标约束值、引导值，进而判定建筑的能耗水平。如果高于标准中的约束值，则说明此建筑能耗指标高于同类建筑，存在较大的节能潜力。

4.5.2 能源审计中的应用

针对能耗监测平台中能耗指标大于标准约束值的建筑，建议进行深度能源审计。

深度能源审计是对用能系统进行深入的分析与评价，全面地采集用户的用能数据，必要时还需进行用能设备的测试工作，对重点用能设备或系统进行节能分析，寻找可行的节能运行策略，或者节能改造项目，进而降低建筑能耗，节约运行成本。深度能源审计过程中的数据分析如图 4-8～图 4-11 所示。

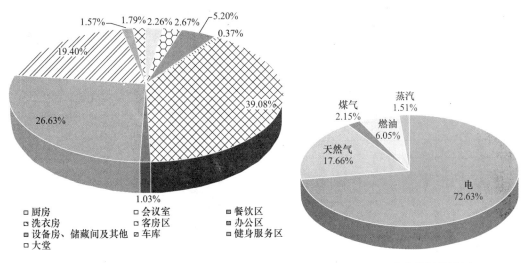

□ 厨房	□ 会议室	■ 餐饮区
□ 洗衣房	□ 客房区	■ 办公区
■ 设备房、储藏间及其他	■ 车库	■ 健身服务区
□ 大堂		

图 4-8　功能区域面积拆分图

图 4-9　建筑能耗统计图

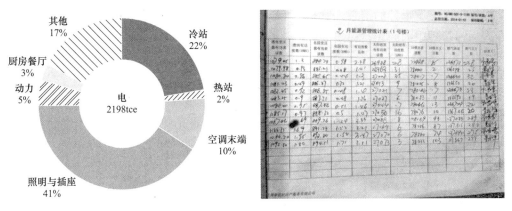

图 4-10　设备能耗统计图

图 4-11　运行记录

在深度能源审计中，根据特定的研究对象，需要通过运用本《标准》作出更合理的判断。

例如，在基本信息调研阶段，尽可能拆分出各功能区域面积，如客房面积、大厅面积、办公面积、车库面积等；统计建筑内各种计量表的能耗数据，进而拆分出不同功能区域，不同用能设备的能耗数据，根据本《标准》中能耗指标的计算方法，得出更加合理、更加准确的能耗指标。

尤其是同一建筑中包括办公、旅馆、商场、停车库等综合性公共建筑，其能耗指标约束值和引导值，应按本《标准》表 5.2.1～表 5.2.4 所规定的各功能类型建筑能耗指标的约束值和引导值与对应功能建筑面积比例进行加权平均计算确定。不同功能区的能耗指标也要对照本《标准》中不同类型建筑的能耗指标约束值、引导值，发现大于约束值的区域要作为能源审计的重点研究对象，调研分析该区域设备的运行管理情况，是否存在运行不合理，必要时对该区域的用能设备进行检测，是否存在效率衰减的情况（图 4-12、图 4-13）。

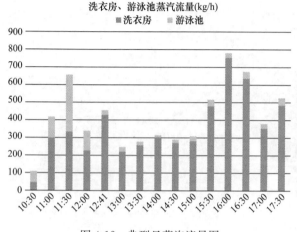

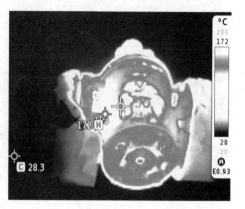

图 4-12　典型日蒸汽流量图　　　　　　　　图 4-13　蒸汽漏热红外图

4.5.3　运行管理中的应用

根据深度能源审计的结果，对能耗指标偏大的功能区域的用能设备进行重点调研，及时发现运行管理中的问题，提出改进措施。

1. 空调系统运行管理

1）空调系统运行时合理设置室内环境参数

室内环境的主要控制参数是温度、湿度及新风量，根据节能设计标准等规范，合理设置不同季节、不同功能区域的室内环境参数。比如，对允许提高室内空气流动速度的场所，宜在夏季空调系统运行时，通过适当提高空气流动速度和室内温度设定值，既满足舒适性要求又达到节能目的。

2）冷热源设备的节能运行

（1）应根据负荷变化实行合理的群控或手控措施，增加或者减少开启台数；

（2）有条件的情况下，在过渡季，宜采用冷却塔直接供冷措施，利用天然冷源进行直接供冷；

（3）夏季在非高温高湿的室外工况下，可适当提高冷冻水供水温度，提高冷机效率；

（4）空调系统的冷凝器、蒸发器、冷却塔进水阀，有的机组装有电动阀，但电动阀容易出故障、失灵，应加强检查维护；

（5）在满足用热需要的前提下，宜降低蓄热或供热温度，以减少散热损失；

（6）在满足供热需要的前提下，合理调整锅炉运行台数，尽量使运行锅炉在满负荷状态下运行，减少启停次数。

3）空调水系统的节能运行

（1）冷冻水泵和冷却水泵的运行台数应满足冷水机组的运行需求。

（2）在部分末端不满足环境控制要求时，应通过对空调水系统的平衡调节来改善该部分末端的空调效果，而不能盲目地增加循环泵开启台数。

（3）有变频控制的水系统，冷却水的总供回水温差不应小于 5℃；冷冻水的总供回水温差不应小于 4℃。

（4）当采用二次泵系统时，应采取措施，使冷冻水供回水温差不小于 4℃。

（5）安装有限流器的水系统，应检查有没有使用必要，如没有必要，应予以拆除。

4）空调风系统的节能运行

（1）全空气空调系统的空气处理机组风机宜采用变频调速控制；

（2）人员密度相对较大且变化大的房间（宴会厅、会议室等），宜采用新风需求控制；

（3）应减少风道漏风，保持空气过滤器、表冷器定期清洗清洁。

2. 照明系统运行管理

1）照明控制

应根据不同照明场所的需要，采用不同的照明调光和控制方式；按使用要求采用分时段的自动调光；大型宴会厅、报告厅和酒店大堂等场所利用调光控制器有效调节；走廊等公共区域的照明，根据使用要求，选择时间控制、照度控制、动静探测控制等控制手段。

2）自然采光

在可利用天然光的场所，根据室外天气情况宜充分利用天然光。

3）设备维修

照明灯具和声光控等设施应定期维护和保养；必要时可测量灯具的照度变化，适时维护和更换高效照明灯具，更换时宜采用相同的产品，保证照明效果的一致性。

3. 给水排水系统运行管理

（1）运行中的生活给水系统加压水泵，应采用低噪声、高效节能型水泵，严禁采用淘汰产品。尽量使用变频水泵，且水泵应在高效区运行。

（2）应尽量减少水箱、水塔提升泵的台数，以一用一备为宜；当一台运行能满足要求时，不宜采用多台并联方式；若必须采用多台并联运行或大小泵搭配方式时，其型号一般不宜超过两种，泵的扬程范围应相近；并联运行时每台泵宜仍在高效区范围内运行。

（3）定期检查生活水泵、消防泵、喷淋泵、补压泵、排污泵、潜水泵、空调水泵等，使之处于良好的运行或备用状态。

4. 其他用能设备运行管理

（1）客梯可根据饭店实际情况实行分区、分时、群控等方式运行；

（2）根据建筑运行规律，制订电梯运行时间表，确定电梯开启数量，夜间客人出入低谷时，可关闭部分电梯；

（3）应选用具备空载停机或慢速运行功能的自动扶梯；

（4）厨房排烟罩宜使用温度传感器，当灶炉停用时可以自动停止运行或手动关闭排烟机；

（5）游泳池加热设备如采用蒸汽加热应考虑冷凝水回收，如采用电加热设备应考虑低谷电价时加热和蓄热；

（6）根据设备运行时间，制订锅炉供汽时间压力表，确保平烫机等用汽压力要求较高设备的正常运行。

4.5.4 案例分析

以上海地区某五星级酒店为例，结合本《标准》分析酒店能耗指标及能耗管理水平。

1. 酒店基本情况

该酒店于 2010 年开业，总建筑面积 68900m²，拥有 501 间客房，客房总面积 34000m²。酒店的制冷机房位于酒店的 B2 层，主要由冷机、板换、冷冻水输配系统和冷却水输配系统构成。生活热水及冬季采暖由三台燃气热水锅炉（两用一备）提供，燃料为天然气。

酒店需常年依靠机械通风和空调系统维持室内温度舒适要求，依据标准确认为 B 类公共建筑。酒店非供暖能耗指标包括：建筑空调、通风、生活水泵、电梯、办公设备以及建筑内供暖系统的设备能耗，但不包含集中设置的高能耗密度的信息机房、厨房炊事等特定功能的用能。参见本《标准》5.1 节。

2. 能源统计

酒店日常能源管理工作中，对建筑用能情况、设备运行情况每日进行详细记录，能源管理意识比较好。根据统计数据，整理 2012～2014 年酒店电力、天然气用量（不含厨房用气）逐月数据，汇总分析逐年用能情况（表 4-8、图 4-14）。

酒店 2012～2014 年用电量和用气量   表 4-8

年份	2012 年	2013 年	2014 年
用电量（kWh）	10117620	10312360	8921160
用气量（m³）	712634	655059	639559

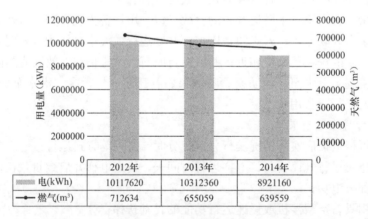

图 4-14 酒店 2012～2014 年建筑用电量、用气量统计

2014 年酒店电力、天然气消耗较前两年有大幅下降，是由于酒店灯具节能改造和节能管理措施产生了效果。

3. 能耗对标

标准中采用单位建筑面积能耗 [kWh/(m²·a)] 作为公共建筑非供暖能耗指标形式，易于与现有的建筑能耗统计、能源审计制度相结合，具有较强的可操作性。

计算该酒店 2012~2014 年的建筑总能耗，如表 4-9 所示。

酒店 2012~2014 年的用电量和用气量　　　　　　　　　　表 4-9

年份	2012 年	2013 年	2014 年
总能耗（kWh）	15211528	14994722	13492728
能耗指标［kWh/(m² · a)］	221	218	196

注：天然气等效电折电系数 7.148kWh/Nm³，建筑面积 68900m²。

根据本《标准》中表 5.2.2 旅店建筑非供暖能耗指标的约束值和引导值，夏热冬冷地区的 B 类建筑，五星级酒店的能耗指标约束值为 240kWh/(m² · a)，引导值为 180kWh/(m² · a)。该酒店 2012~2014 年，能耗指标均在约束值以内，且每年都在下降，通过今后的运行管理节能，争取能耗指标达到引导值。

若计算的能耗指标超过约束值，可对能耗指标进行修正。按以下公式计算：

$$E_{hc} = E_h \cdot \theta_1 \cdot \theta_2 \tag{4-5}$$

$$\theta_1 = 0.4 + 0.6 \frac{H_0}{H} \tag{4-6}$$

$$\theta_2 = 0.5 + 0.5 \frac{R}{R_0} \tag{4-7}$$

式中　E_{hc}——旅馆建筑非供暖能耗指标实测值的修正值；

E_h——旅馆建筑非供暖能耗指标实测值；

θ_1——入住率修正系数；

θ_2——客房区面积比例修正系数；

H——宾馆酒店建筑年实际入住率；

R——实际客房区面积占总建筑面积比例；

H_0、R_0 分别取 70%、50%。

此外，如果同一建筑中包括办公、旅馆、商场、停车库等综合性公共建筑，其能耗指标约束值和引导值，应按本《标准》表 5.2.1~表 5.2.4 所规定的各功能类型建筑能耗指标的约束值和引导值与对应功能建筑面积比例进行加权平均计算确定。

4.6　供热系统供热量及转换效率核定

4.6.1　标准应用思路

1. 标准应用对象

由于目前我国城镇供暖集中供暖形式占 70% 以上，其运行、基础能耗数据统计、管理与监督等工作是以热力公司为核心。对于管网的建设和维护，以及归属权问题，各供暖系统与热力公司集团关系情况不一致，此处不进行讨论。对于热源侧，热力公司通常有锅炉等自备热源，但随着热电联产的大力发展，对于大规模集中供暖系统而言，热源厂归热电厂所有情况更普遍，出现"网源不同家"的情况。

针对本《标准》供暖部分的应用，首先就其约束对象进行说明。本《标准》中与供暖相关的各环节能耗的指标分为三部分：第一部分是建筑耗热量指标，约束对象为建筑开发商与建筑所有者；第二部分为供暖管网输配系统，约束对象为供热公司；第三部分为热源效率，约束对象为热源厂。对于网源同家，热力公司也应该就热源标准单独进行考核。

除了四个约束对象外，地方政府应该根据本《标准》制定相关的地方标准，规范供暖系统各环节的运行情况。地方政府还必须明确各约束对象的责任和义务，严格监督与把控各环节最终能耗结果及其与指标的比较，督促高能耗环节，尽快作出改善，最终实现供暖系统节能降耗的目标（图 4-15）。

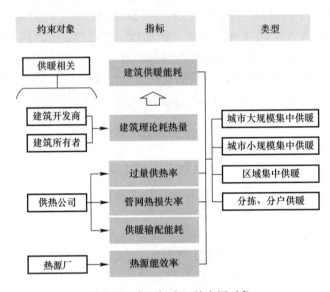

图 4-15　本《标准》的应用对象

此外，对于热源不属于热力公司的，本《标准》给出了相对合理的能量分摊方法供参考，对于成本分摊和具体合同细节，鼓励热电厂与热力公司以公平为原则，节能为目的，自行完善上下游合作机制，实现双赢。

根据目前了解的现状和文献调研结果显示，对于供暖现状而言，平均能耗水平离本《标准》水平较远。但是另一方面，通过实际测试我们发现，经过一系列的运行调适之后是完全能够达到本《标准》中的能耗指标的，具体的供暖节能方法和手段在各类专业书籍文献中都有总结，部分热企也都有非常好的实践案例。所以，本《标准》的指标数值提供的，不只是理论计算结果，也是实际工程完全能实现的。

总的来说，供暖系统节能潜力巨大，路途遥远。下面就如何利用本《标准》能实现降耗的目标进行探讨。

2. 标准应用路线

按照热量输送过程，从能源输入端考虑，建筑供暖能耗指标中包含热源能耗和输配能耗两部分。这是对一个系统的总体评价，用来确定对应的系统是否符合要求。再到系统中的三个环节，每个环节都有相应的指标来考核。两个计量口径，一个说明从输入端考虑。体现了总量控制原则，而分环节的技术指标考核更多的是用来帮助热力公司分析各环节的能耗现状，发现节能潜力（图 4-16）。

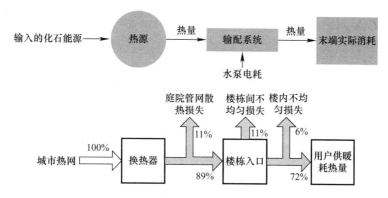

图 4-16 供暖系统能量传输过程

在应用过程中，同样可以把握这两点，通过总体的评价来发现高能耗（高潜力）的供暖系统，然后再通过各环节的指标考核发现具体问题。不同系统体现的问题不同，具体问题以及解决手段则需要各环节具体的测试进一步确定。总而言之，本《标准》的制定来源于实测，也服务于实测。

首先，建筑供暖能耗指标差别主要体现在各地气象参数、供暖期长短和供暖系统规模三个方面。通过这三个方面可以确定当地的地方标准，地方标准应作为各地供暖系统的指导性标准和最高准则，可以作为工程考核指标，同时也供节能工作规划参考。与之前的建筑节能标准不同，能耗地方标准更注重于运行和能耗的结果。

其次，各地热企实际的管网建设、运行模式和管理水平往往存在地域差距，即使一个地区，不同热力公司差异也较大。所以，在具体应用中，针对当地地方标准，还应该配合制定企业内部应用指标体系，将不同的指标进一步细化。以水泵电耗为例，从单位面积电耗指标进一步细化到单位供暖面积供水流量、系统中压降范围、水泵运行效率、变频方式等（图 4-17）。

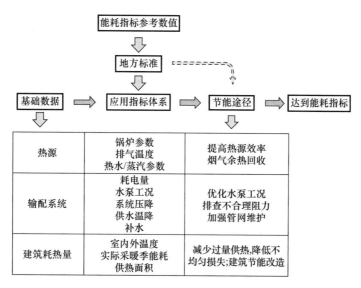

图 4-17 本《标准》的应用思路

制定过程中，应保证所有参数按照指标运行时，最后的能耗一定能够满足本《标准》的要求。这样通过供暖系统各环节指标来约束过程，保证最终的运行结果是符合要求的，实现最终的供暖能耗总量控制。在应用指标体系的制定过程中，各热力公司在有具体地方标准时可以参照地方标准，没有地方标准的可以参照其他供暖工程标准和供暖产品标准（图 4-18）。

序号	标准名称	现行标准编号	备注
一、供热工程标准			
1	供热术语标准	CJJ 55—2011	现行
2	供热工程制图标准	CJJ/T 78—2010	现行
3	城镇供热系统标志标准	CJJ/T 220—2014	现行
4	城镇供热系统评价标准	GB/T 50627—2010	现行
二、供热产品标准			
22	供热术语标准	CJJ 55—2011	现行
23	供热工程制图标准	CJJ/T 78—2010	修订
24	城镇供热系统标志标准	CJJ/T 220—2014	现行
25	城镇供热管道保温结构散热损失测试与保温效果评定方法	GB/T 28638—2012	现行

图 4-18　供热相关标准

（资料来源：详见中国城镇供暖协会网站 http://www.china-heating.org.cn/hangyebz/231700204.html）

得到实际应用指标体系之后，就可以将收集的数据来与之对比，最终发现不同供暖系统中的节能潜力在哪儿，节能量有多少，最后由技术部门制定实现节能的技术手段。

总结一下，本《标准》的应用思路，实际上是以建立合适的应用指标体系和对基础数据的收集为核心。不管是各个环节还是综合能耗指标，都需要基础数据来作为参考。应用指标体系则起到因地制宜的作用。热企甚至可以联合政府来要求实现基础数据系统完善，例如北京市政府 2014 年发布的《北京民用建筑节能管理办法》[5] 明确规定新建建筑、大型公共和改造后的既有建筑安装能耗计量设施并定期进行能源状况报告。

4.6.2　标准应用说明

1. 热源能耗指标

值得说明的是，本《标准》6.5.1 中规定的不同供暖系统类型给出的热源能耗指标，其中区域集中供暖，通常是指负责供暖面积在 500 万 m^2 及以上的系统。此类系统基本都采用大型热电联产来进行供暖，因此热源效率指标是根据焓分摊法得到。鉴于大面积集中式供暖系统通常采用效率更高的集中式热源，而集中热源方式又以热电联产的能源综合利用效率最高。

对于其他两类系统类型，则是通过产热/产热能耗给出。其中，分布式热电联产指的是小规模的热电联产方式，这类机组通常利用余热能、地热、生物质等可再生能源，目前尚无相关技术规范，因此能耗指标与小区锅炉房相同。但这一指标对于小区锅炉房要求是

---

⑤　北京市人民政府. 北京民用建筑节能管理办法（北京市人民政府令第 256 号）[S]，2014.

苛刻的，主要是出于逐步取代锅炉房（特别是小容量锅炉）这种高能低用的供暖热源形式考虑。但是常规的燃煤燃气热电联产，必须采用㶲分摊方式计算。

总的来说，本《标准》中热源效率的指标值实际上是松紧有度，鼓励高能效、更清洁的热源形式。

2. 供暖系统中能源转换效率核定

在本《标准》中，建筑供暖能耗指标是以两种能源单位形式体现的，即煤和天然气。由于近年来，各类型的热源方式和供暖形式都如雨后春笋涌现：工业余热，各类基于可再生能源的热泵，甚至热电联产也由传统形式发展出燃气—蒸汽联合循环、IGCC—CHP、低温核能 CHP 或微网 CHP 等新技术[⑥]。

目的都是满足正常的供暖需求，那么对于诸多技术手段，就需要一个统一的能耗评价标准来衡量。将一个供暖系统作为整体，应对为了使整个系统正常运行所消耗的所有能源进行统计。因此，在本《标准》中已作出说明和规定：①在运行中产生的电耗一律以 320kgce 或 $0.2Nm^3$/kWh 折算且计入建筑供暖能耗指标；②热源为热电联产时，采用㶲分摊法计算供暖煤耗。对于其他形式能源的消耗，实际上也应该按照相应的转换效率进行折算，并加以备注，以在能耗统计汇总时进行区分。

除了运行能耗，还需要考虑技术应用前的生产能耗和系统经济性指标。对于技术的经济性分析在本《标准》中未作讨论，供暖方案的评价时应进行补充。

能源转换效率的核定其目的是排除打着"清洁供暖"的名号，实际上却能耗极高的供暖方式，杜绝盲目地推广供暖技术。如在大力推行热电联产发展的过程中，目前常见的能效评价方法可能会违背热电联产的初衷，因此针对热电两种能源形式，本《标准》给出了㶲分摊法进行评价。

基于以上两点考虑，供暖系统中能源转换的规定一方面可以得到各供暖系统的供暖现状，方便用来进行自查和横向比较；另一方面，可以通过能耗指标来作为评价新技术是否值得应用和推广的硬性指标。

3. 㶲分摊法介绍

近年来热电联产的发展非常迅速，国家发展改革委提出 2020 年全国热电联产总装机容量将达 200GW，《十三五规划纲要》中提出"十三五"时期还将有 3.5 亿 kW 装机火电改造为热电[⑦]。

但目前常用的热电联产评价方法都有一定的缺陷，很难反映热电联产能源梯级利用的本质。热电联产的产品有热和电两种。对于常见的热电联产评价有三种（表 4-10）[⑧]。

第一种用热量法，不考虑热电两种能源形式的巨大差异显然不可取。

第二种参照锅炉法，也就是将供暖效率取一个定值，比如 0.9。这样对于供暖而言与直接烧锅炉没有区别，仍然以这种低效的能源利用方式作为基准显然不可取，且高估了发电水平。

第三种参照电厂法，采用全国平均发电煤耗，也无法体现系统的总效率，对于产生不

⑥　赵长春，陈媛，付林. 火力发电及热电联产节能减排新技术 [M]. 北京：化学工业出版社，2016.

⑦　中国采购与招标网. "十三五"切实加强热电联产规划 [EB/OL]. http://www.chinabidding.com.cn/zbw/dlpd/info_show.jsp? record_id=81742.

⑧　江亿，付林. 对热电联产能耗分摊方式的一点建议 [J]. 中国能源，2016，38 (3)：5-8.

同温度热量也难以区分评价。

热电联产评价方法　　　　　　　　　　　　　　表 4-10

方法	公式
热量法	$发电煤耗 = \dfrac{燃煤输入量}{发电量 + 产热量}$
参照锅炉法	$发电煤耗 = \dfrac{燃煤输入量 - 产热量/标煤热值/0.9}{发电量}$
参照电厂法	$供热煤耗 = \dfrac{燃煤输入量 - 发电量 \times 全国平均发电煤耗}{产热量}$

总的来说第二和第三种评价方法虽然区分了电和热，但是没有考虑到热的品位。而热电联产总热效率高，值得大力推广是由于其系统供暖利用的是没法发电的低品位热，体现了能源梯级利用，温度品位与需求对口，这无论是对于供电还是供暖都是极有利的。

但目前为何仍采用这些评价方式，部分原因是目前热量作为商品的计价方式，是以"量"而并非"质"来考虑。实际上，这是有悖于热电联产发展的初衷的，这样的评价方法也不利于指导热电联产进行方案优化。

那么为了更科学地反映出热电联产方式利用不同品位的能源满足不同能源消费需求这一特点，采用㶲分摊法来评价热电联产。

该评价方法的核心就是将所有不同热能形式按照做功能力等效到电上。很容易理解，温度越低，其所利用的价值也越低，而且还会随着基准温度发生变化。因此，对于热量而言，供暖的热水或蒸汽温度越低，等效电的转换系数就越低[9]。

㶲分摊法考虑了电力和热量两种能源之间巨大的品位差距，并且将不同温度的热量进行量化。对能源转换效率、系统运行优化和季节性运行策略评价更合理。

4. 关于公共建筑的供暖能耗

在本《标准》编制过程中，曾对公共建筑供暖能耗和居住建筑供暖能耗进行了分析，最后给出的指标数值是以居住建筑能耗标准和现状计算得到。

一方面，以居住建筑作为末端，热力站和庭院管网，区域锅炉房或热电联产作为热源这类系统形式是最常见的，此类系统也是我国城镇集中供暖系统的主要组成部分。

另一方面，在对公共建筑供暖热负荷进行拆分之后，发现人员产热和灯光照明抵消了绝大部分热负荷。再结合部分公共建筑采用间歇供暖的方式、热源形式相对灵活等特点，公共建筑实际建筑需热量（为了满足冬季室内温度舒适性要求所需要向室内提供的热量）远低于住宅建筑。

因此，公共建筑供暖能耗指标虽然没有单独给出，但应该全部按照相应地区和系统形式中的引导值执行。

4.6.3　标准应用算例

1. 建筑供暖能耗指标

其中，建筑供暖能耗指标和建筑耗热量指标的引导值是以《严寒和寒冷地区居住建筑

---

⑨　江亿，杨秀. 在能源应用中采用等效电方法［J］. 中国能源，2010，32（5）：5-11.

节能设计标准》JGJ 26—2010 作为确定依据，约束值是以《民用建筑节能设计标准》JGJ 26—1995 作为确定依据。因此，当地标准的制定也主要根据这两个标准确定。

分为两个步骤：

（1）根据标准中给出的省份城市按照《严寒和寒冷地区居住建筑节能设计标准》JGJ 26—2010 标准的附录得到当地标准供暖期供暖度日数，这也是地方政府确定当地标准的依据。

（2）根据当年供暖期的室外气象参数和供暖天数，确定气象修正系数。

$$HDD18 = (18 - t_{0,ave}) \times Z \tag{4-8}$$

式中 $t_{0,ave}$ 为当年室外平均温度，Z 为当年采暖期天数。

例 1

下面以唐山市为例。本《标准》中给出了河北省石家庄市的指标，查阅 JGJ 26 标准可得唐山市气象参数，见表 4-11，从而确定唐山市的建筑供暖能耗指标。再根据当年实际气象参数得到气象修正参数 β。

表 4-11

地名	天数 Z	室外平均温度 t_0	供暖度日数 $HDD18$	数据来源
单位	d	℃	℃·d	
石家庄	112	−0.6	2083	《民用建筑节能设计标准》JGJ 26—1995
石家庄	97	0.9	1659	《严寒和寒冷地区居住建筑节能设计标准》JGJ 26—2010
唐山	127	−2.9	2654	《民用建筑节能设计标准》JGJ 26—1995
唐山	120	−0.6	2232	《严寒和寒冷地区居住建筑节能设计标准》JGJ 26—2010
唐山（2009 年）	144	−1	2736	2009 年实测值
唐山（2010 年）	132	0.22	2347	2010 年实测值

注：2009 年和 2010 年实测值来自：陈淑琴，周斌等. 北方既有居住建筑节能改造效果实测评价 [J]. 煤气与热力，2012，32（10）：9-13.

根据本《标准》中河北省石家庄市的供暖能耗指标和建筑耗热量指标的约束值与引导值乘以地点修正系数即可得唐山市的相应指标，如下表所示（表 4-12）。

其中，约束值修正系数为 $\beta_{TS,约束} = \dfrac{2654}{2083} = 1.27$；

引导值修正系数为 $\beta_{TS,引导} = \dfrac{2232}{1659} = 1.35$。

表 4-12

城市	煤耗为主 [kgce/(m²·a)]				燃气为主 [Nm³/(m²·a)]					
	约束值		引导值		约束值			引导值		
	区域集中供热	小区集中供热	区域集中供热	小区集中供热	区域集中供热	小区集中供热	分栋分户供暖	区域集中供热	小区集中供热	分栋分户供暖
石家庄	6.8	12.1	3.6	6.9	8.0	9.0	7.7	3.9	5.3	4.8
唐山	8.7	15.4	4.8	9.3	10.2	11.5	9.8	5.2	7.1	6.5

例 2

再根据本《标准》气象修正参数，将当年实际能耗数据修正后与地方标准进行比较。

$$\beta_{09} = \frac{HDD_0}{HDD} = \frac{2232}{2736} = 0.82$$

$$\beta_{10} = \frac{2232}{2347} = 0.95$$

仍以唐山市为例，唐山市某供热公司主要负责三个供暖系统，分别由三个锅炉房供暖得到 2009 年的实测数据，则可以按照公式（6.2.2-1）和公式（6.2.2-2）计算得到建筑供暖能耗指标实测值（表 4-13）。

$$E_{bh} = (q_s + e_{dis} \times c_e)\beta_{09}$$

$$q_s = \frac{\sum_{i=1}^{m} Q_{s_i} c_{Q_i}}{A_s}$$

表 4-13

编号	供暖面积 A_s	热源能耗总热量 Q_s	管网水泵实测总电耗 E_{bh}	热源能耗实测值 q_s	管网水泵电耗指标实测值 e_{dis}	气象修正系数 β	E_{bh}
单位	万 m²	GJ	kWh	kgce/m²	kWh/m²	—	kgce/m²
数据来源	面积统计	热源处热表计量	整个供暖系统电表计量	计算得到	计算得到	当年室外气象参数	计算得到
1	178	729576	2567010	15.58	1.44	0.82	13.15
2	141	598177	2098502	16.12	1.49	0.82	13.61
3	154	673341	2063775	16.61	1.34	0.82	13.98
总	473	2001094	6729287	16.08	1.42	0.82	13.56

注：数据参考：Xin Xu. A Survey of District Heating Systems in the Heating Regions of Northern China [J]. Energy，2014（77）：909-9025，为案例解释需求作相应调整。

以 1 为例，热源效率取 38kgce/GJ，其热源能耗实测值为：

$$q_s = \frac{729576 \times 38}{178 \times 10^4} \text{kgce/m}^2 = 15.58 \text{kgce/m}^2$$

同理可得 2 和 3（热源效率可能不同，此例中暂时都取 38kgce/GJ）的热源能耗实测值，根据总电耗可以得到该系统建筑供暖能耗指标实测值为：

$$E_{bh} = (15.58 + 2567010 \times 0.32) \times 0.82 \text{kgce/m}^2 = 13.15 \text{kgce/m}^2$$

该系统 2009 年供暖能耗指标在唐山市煤耗为主的、小区集中供热形式的建筑供暖能耗引导值 9.3kgce/m² 和约束值 15.4kgce/m² 之间。但是考虑到该系统总面积 473 万 m²，应该属于区域集中供暖的范畴，但能耗指标离集中供暖的约束值 8.7kgce/m² 还有相当大的差距。可以看到当供暖面积较大时，只有以热电联产作为热源的形式才能够满足标准要求。

以燃气为主要能源形式的计算同理，在此不再举例。

2. 供暖系统各环节指标

1）建筑耗热量指标

例 3

首先，当地建筑耗热量的标准同样需要进行地点修正，修正系数同建筑供暖能耗指标（表 4-14）。

$$\beta_{TS,约束} = 1.27/\beta_{TS,引导} = 1.35$$

表 4-14

城市	建筑折算耗热量指标 [GJ/(m² · a)]	
	约束值	引导值
石家庄	0.23	0.15
唐山	0.29	0.20

例 4

以例 2 中的系统 2 为例，给出该系统内所有热力站的能耗数据，可以得到建筑耗热量指标实测值。以 1 号热力站为例：

$$q_b = \gamma \times \frac{Q_b}{A_b} \times \left(\frac{1}{1+\alpha}\right) \times \beta = 1 \times \frac{34118}{13.93 \times 10000}$$

$$\times \frac{1}{1+15\%} \times 0.82\,GJ/(m^2 \cdot a) = 0.17\,GJ/(m^2 \cdot a)$$

其中，庭院管网损失率与过量供热率根据系统形式而定（见表 4-15）。

表 4-15

热力站编号	供暖面积 A_b	供暖季热耗 Q_b	气象修正参数 β	庭院管网损失率 γ	过量供热 α	建筑耗热量指标实测值 q_b
单位	万 m²	GJ	—	—	%	GJ/(m² · a)
数据来源	面积统计	热力站热表计量	根据当年气象参数确定	根据系统形式确定	根据系统形式确定	计算得到
1	13.93	34118	0.82	0.98	15%	0.17
2	25.35	78777	0.82	0.98	15%	0.22
3	9.33	29447	0.82	0.98	15%	0.23
4	2.51	7461	0.82	1	5%	0.23
5	12.09	42468	0.82	0.98	15%	0.25
6	5.23	18669	0.82	0.98	15%	0.25
7	1.59	5304	0.82	1	5%	0.26
8	5.39	20167	0.82	0.98	15%	0.27
9	8.25	33947	0.82	0.98	15%	0.29
10	2.03	8017	0.82	1	5%	0.31
11	1.08	4294	0.82	1	5%	0.31
12	17.00	84978	0.82	0.98	15%	0.36
13	12.53	65080	0.82	0.98	15%	0.37
14	13.64	73520	0.82	0.98	15%	0.38
15	11.07	65095	0.82	0.98	15%	0.42

可以将所有热力站耗热量指标实测值分布作图如下，15 个热力站中有 8 个热力站能耗指标优于引导值，6 个热力站处于约束值和引导值之间，仅有 1 个热力站未达到唐山市约束值指标要求（如图 4-19 所示）。

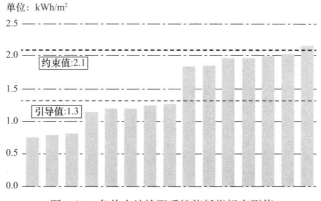

图 4-19　各热力站输配系统能耗指标实测值

对于建筑耗热量指标实测值超标的热力站小区，需要分析耗热高的原因，主要应该从以下几方面入手：

a）建筑物热工性能。建筑耗热量指标主要由建筑围护结构与保温水平决定。

b）过量供热率。过量供热的原因包括空间和时间上的不均匀，标准中给出了过量供热率的参考值，但实际中可能过量供热现象更严重。

c）庭院管网损失。标准中庭院管网热损失率取 2%，实际中可能热损失率更高。

2）输配系统能耗指标

输配系统能耗指标主要包括热损失和输配电耗两部分。

例 5

系统 2 热源处供热量实测值 Q_s 为 598177GJ/a，热网所服务的建筑总的实际耗热量由例 4 中的表格可以确定，$\overline{Q_b}$ 为 571341GJ/a。则管网热损失率指标实测值计算过程如下：

$$Q_{pl} = Q_s - \overline{Q_b} = (598177 - 571341)GJ/a = 26835GJ/a$$

$$\alpha_{pl} = \frac{Q_{pl}}{\overline{Q_b}} = \frac{26835}{573141} = 4.7\%$$

系统 2 热源为锅炉房，应该用小区集中供热的标准，实测结果为 4.7%，超过约束值 2%。同样可以得知每年系统 2 输配系统该供暖季热损失为 26835GJ。

例 6

对于循环水泵电耗，通过电表计量数据就可以得到。以下仅列出部分热力站的测试数据（表 4-16）：

表 4-16

热力站编号	供暖面积	水泵耗电量	管网水泵电耗指标实测值
单位	万 m²	kWh/a	kWh/m²
数据来源	面积统计	热力站电表计量	计算得到
2	25.3	1.2	0.8
7	1.6	1.9	1.2
10	2.0	2.8	1.9
14	13.6	3.0	2.0
15	11.1	3.2	2.2

2010 年供暖季共有 144d，与例 5 供暖期为 5 个月的水泵电耗指标作为对比。15 个站中，电耗指标实测值优于引导值的站有 8 个，在引导值和约束值之间的有 6 个，未达到约束值要求的热力站有 2 个。同样可以对所有热力站耗热量指标实测值作图 4-20。

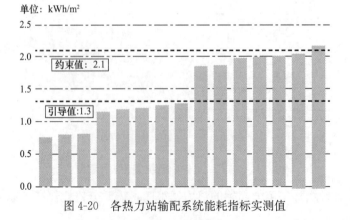

图 4-20　各热力站输配系统能耗指标实测值

3）热源能耗指标

对于热源的能耗指标计算主要根据本《标准》中的式（6.5.2-1），对于燃煤和燃气锅炉而言，公式可以简化为：

$$C_Q = \sum(C_{hj} + E_{in,j} \times C_e)$$

例 7

仍以系统 2 为例，采用燃煤锅炉供热，其热源的数据统计如下表所示（表 4-17）：

表 4-17

项目	面积 A_s	锅炉耗电 $E_{in,j}$	锅炉产热 Q_s	上煤量 C	耗煤热值	耗煤总热量	消耗标煤量 C_{hj}
数据来源	面积统计	热源厂电表统计	热源厂热表统计	热源厂统计	所用燃煤信息	计算得到	计算得到
单位	万 m²	kWh	GJ/a	t	kcal/kg	GJ/a	kgce/a
数值	141	1049251	598177	48842	4000	817810	27911619

其中，耗煤总热量为上煤量和耗煤热值的乘积，热源全年燃煤消耗量 C_{hj} 为耗煤总热量经单位转换得到，1kgce＝29.3MJ。进一步可以得到热源能耗指标实测值：

$$C_Q = \frac{(27911619 + 0.32 \times 1049251)}{598177} \text{kgce/GJ} = 47.2 \text{kgce/GJ}$$

该热源能耗指标值为 47.2kgce/GJ，高于小区锅炉房的约束值 43kgce/GJ，具有较大的改造空间。

例 8

如果例 7 中的系统采用热电联产供热（数据见表 4-18），总供暖量不变，热电比取 1.2。根据《民用建筑供暖通风与空气调节设计规范》GB 50736—2012 查得唐山市的平均温度≤＋5℃期间内的平均温度为－1.6℃。再根据当年一次网水的供回水平均温度，可以得到一次网热水㶲折算系数。

$$\lambda_{hw} = 1 - \frac{T_0}{T_{ws} - T_{bw}} \ln \frac{T_{ws}}{T_{bw}} = 1 - \frac{273.15 + 1.6}{90 - 60} \ln \frac{273.15 + 90}{273.15 + 60} = 0.22$$

表 4-18

项目	面积 A_s	CHP 产电 $E_{out,j}$	CHP 产热 Q_s	上煤量 C	耗煤热值	耗煤总热量	消耗标煤量 C_{hj}
数据来源	面积统计	热源厂电表统计	热源厂热表统计	热源厂统计	所用燃煤信息	计算得到	计算得到
单位	万 m²	kWh	GJ/a	t	kcal/kg	GJ/a	kgce/a
数值	141	1049251	598177	109058	4000	1826071	62323230

根据㶲分摊法可以得到其热源能耗指标：

$$C_Q = 62323230 \times \left(\frac{0.22 \times 598177}{1049251 \times 0.0036 + 0.22 \times 598177}\right)/598177 \text{kgce/GJ} = 21.72 \text{kgce/GJ}$$

3. 热泵系统应用

本《标准》同样适用于水源、地源等热泵供暖系统供暖能耗指标实测值的确定。对于热泵系统而言，通常以计量电耗为基础计算即可。热源侧水泵电耗算在热源能耗指标内，用户侧水泵属于输配系统电耗。

例 9

以唐山市空气源热泵和地源热泵为例，供暖面积为 4.1 万 m²，供暖天数为 120d，总供热量为 11568GJ。系统实测能耗数据如下（表 4-19）：

表 4-19

	单位	空气源热泵	水源热泵	
			机组能耗	输配能耗
电耗	万 kWh	99.11	82.67	8.18
电耗指标	kWh/m²	24.17	20.16	—
建筑供暖能耗指标	kgce/m²	7.74	6.45	—
COP	—	3.24	3.89	39.30（输配系数）
输配系统能耗	kWh/m²	—	—	1.99

注：数据参考：张静波，吴建兵等. 上海地区地埋管地源热泵和空气源热泵的节能性分析［J］. 暖通空调，2011，41（3）：102-107，为案例解释需求作相应调整，数据经气象参数修正。

根据计算结果，按照例 1 中得到的唐山市区域集中供暖形式的建筑供暖能耗指标，空气源热泵和水源热泵的能耗指标分别为 7.74kgce/m² 和 6.45kgce/m²，都介于其约束值 4.8kgce/m² 和引导值 8.7kgce/m² 之间。对于水源热泵系统，其输配系统能耗为 1.99kWh/m²，比 4 个月的供暖期对应的约束值 1.7kWh/m² 还高。

但是，对于包括热泵在内的其他热源形式而言，其气候适应性和经济性应该着重考虑。其技术指标、测试方法、评价方法、判定与评级还可以参考《可再生能源建筑应用工程评价标准》GB/T 50801—2013 等来进行评价。

4.6.4 标准综合应用

1. 耗热量为主导评价，实现总量强度双控

就现状而言，热力公司的数据计量都以热力站为基本单位，热力站以下用户的能耗数据尚未健全，但是热力站的数据通常都比较完备，数据质量较高。

收集热力站的数据后，第一步，可以对能耗数据进行初步统计分析。首先是根据数据特点分类，以当地的约束指标和平均耗热指标划分。那么最具节能潜力的肯定就是高于当地平均耗热量的热力站。

图 4-21 中横轴是单位面积流量，同时给出了两条温差线。因为在我国供暖系统中，热力站所负责的面积通常较大，在 5 万～10 万 m² 左右。经常出现一个热力站供暖给不同类型末端，甚至新旧建筑混合的现象。为保证所有用户，满足室温要求，"大流量，小温差"的现象非常普遍。在运行调节过程中，耗热量与流量和温差的积成正比，因此当温差一定时，流量随之变化，可以通过水泵变频实现。

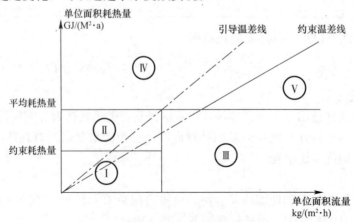

图 4-21 供热节能诊断分析图

在前期设计中，水泵选型往往根据经验给一个单位面积流量，对间供系统这一数值是 $3\sim4kg/(m^2\cdot h)$。但是实际运行中，水泵选型偏大现象很常见，往往都会出现温差较小的情况，使得水泵电耗较高。

得到数据统计分布后，解决思路是优先针对问题大、节能潜力高的小区，然后再根据当地特征统一降耗。最终实现供暖系统能耗总量和强度的双控。

这里给出一个案例县城的所有热力站能耗数据的应用案例，如图 4-22 所示。

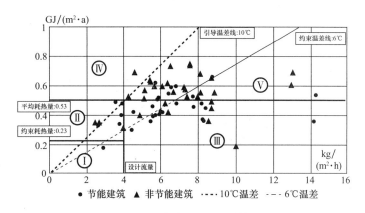

图 4-22　某热力站运行数据

从图 4-22 可以直观得到以下几点信息：

（1）该地目前能够达标的热力站，也就是在约束耗热量以下的热力站非常少，仅一个满足要求。

（2）对热耗超过均值的Ⅴ区进行分析。Ⅳ区温差合理，但热量仍超标，说明本身需热量大，该区域内小区需要加强围护结构性能。Ⅳ、Ⅴ区域合计非节能建筑 18 个，节能 7 个，非节能建筑占比很多，说明该县城热耗高的重要原因是老旧建筑偏多，建筑节能改造工作是降低供暖能耗的重点工作。

（3）该地约一半热力站二次网供暖季平均温差在 6℃ 以下，有的甚至只有 3℃ 左右，那么二次网小温差运行的热力站除了电耗高外，还会导致过量供暖，最终导致热耗升高。那么在Ⅲ区低于平均耗热量又高于约束耗热量的热力站，大部分都是节能建筑。说明这部分小区就是由于"大流量，小温差"，为了满足个别用户而导致总体供暖量增高，所以这部分小区的节能重点是平衡调节。

初步分析是以建筑耗热量为主导因素的。应用过程所需要的就是各个热力站的能耗数据，然后这些指标线则可以根据当地的条件来进行调整。

通过这样一个基础分析，可以对该地区的能耗现状有一个初步了解，也知道大致各个系统内部的问题有哪些，不同问题对应的小区是哪些，对下一步的分析工作有很大帮助。

2. 拒绝粗放，精细化管理

针对"输配系统部分能耗指标"，重点在于"粗放型"供暖向"精细化"供暖转型。输配系统两大部分：一部分是热损失，另一部分是针对水泵运行。

热损失由管网条件决定，因此在实际工程中差异很大。热损失是白白的能源浪费。减少损失，主要是解决老旧管网跑冒滴漏和杜绝用户偷热行为。对于企业，热量损失造成的直接结果就是经济损失，也会严重影响供暖效果，引起用户投诉。热损失问题的解决应放在精细管理工作的首位，各热企应严格按照本《标准》所给指标数值执行。

针对输配能耗则主要是围绕水泵的工况进行分析。一方面是水泵克服阻力做功，整个水循环系统的压降是否合理，对于不合理的阻力加以清洗或改造；另一方面是水泵自身的工况，例如选型、运行频率、调节方式、串并联方式等。原则上应保证水泵工况在最高效率点附近，同时具备变负荷能力（图4-23）。

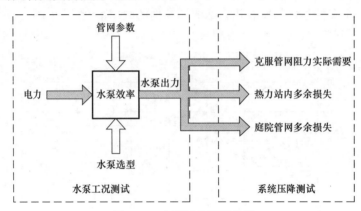

图 4-23　水泵运行情况分析

3. 指标综合应用：热企应用案例

针对企业如何达到看似"遥远"的能耗指标值，在此给出 A 公司案例。

例 10

在保证数据完善的基础上，第一步就是构建能耗指标体系。如图 4-24 所示，该体系可分为三层。第一层，就是能源消耗的直接结果，能耗指标层，可以按照本《标准》和地

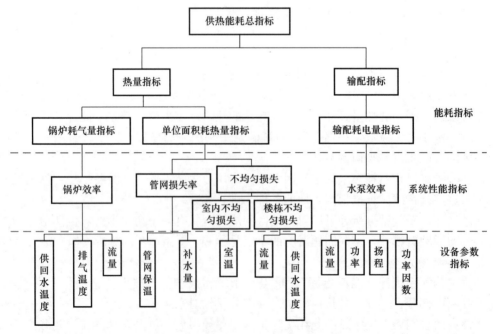

图 4-24　能耗指标体系构建层级示意图

方标准来确定。第二层是各环节的系统性能指标，制定方法同第一层。第三层是具体的设备参数指标，既可以参照其他供暖工程标准和供暖产品标准，也可以通过各环节系统性能指标反推得到。

第二步是对热企内部所有供暖系统进行分类，可以按照主要用能方式（煤或天然气）、热源形式（锅炉或 CHP）、系统形式（是否供生活热水，末端区域供暖还是分户，末端建造年代）。

分类之后，还需要对同类系统不同热力站或单位进行分档处理，实现分层激励。因为一开始让所有单位以本《标准》中的引导值作为目标，对于远高于本《标准》指标的单位就会失去积极性。因此，可以对同一类项目的指标分为若干档，每一档都设定一个指标值；对于已经达到最优档的项目，第二年要求不超出指标值上限即可（如图 4-25）。

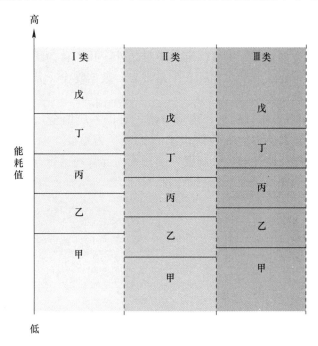

图 4-25　系统分类及分档示意图

表 4-20 是最后 A 公司制定的部分气耗标准，单位 Nm^3/(m^2·a)。可以看到横轴体现了分类的思想，根据是否供给生活热水，建筑末端类型分为了三类；纵轴体现了分档的思想，根据不同形式的能耗现状分布分为了五档，并给出了每一档的指标范围。

气耗标准　　　　　　　　　　　　　　　　　　　　　　　　　　表 4-20

	Ⅰ有生活热水			Ⅱ无生活热水三步节能			Ⅲ无生活热水两步节能		
	范围	指标	项目数	范围	指标	项目数	范围	指标	项目数
甲	<7.0	维持	3	<6.5	维持	3	<7.5	维持	2
乙	7.0~8.0	7.0	1	6.5~7.5	6.5	10	7.5~8.5	7.5	6
丙	8.0~9.0	8.0	10	7.5~8.5	7.5	14	8.5~9.5	8.5	11
丁	9.0~10.0	9.0	5	8.5~9.5	8.5	10	9.5~10.5	9.5	0
戊	>10.0	10.0	2	>9.5	9.5	4	>10.5	10.5	1

注：表中数据仅作案例参考，具体能耗指标数值需自行确定。

节能量的大小与公司运营的成本盈利息息相关，同时也应将节能量的考核纳入到员工关键绩效考核指标体系（KPI）中，让供暖节能工作落实到运行管理人员。

4.6.5 总结

本《标准》中的供暖能耗指标确定方法来源于实测，也服务于实测。其直接目的是为了帮助各热力企业以及其他跟供暖相关的企业实现节能减负，节省成本，在不降低用户供暖质量的前提下，提高企业经济效益。

本节对本《标准》供暖指标确定和如何应用进行了详细阐述，也回答了部分关于标准内容及条文说明中可能会出现的疑问。

我们希望各个热力企业能够趁本《标准》发布与推行的契机，对供暖系统节能意识与工作有新的认识，同时能够发现各供暖系统节能潜力在哪儿，估计节能量有多少，最终采取措施来实现建筑能耗控制总目标。

在针对如何应用方面，除了本《标准》本身之外，我们认为还有两个重点。第一是以数据为核心，数据决定建筑节能工作的下限是多少，数据越全、条理越清晰，就越容易发现问题，解决问题的速度也越快。

第二是"因地制宜"，本《标准》内容有限，难以一应俱全，本应用也无法涉及供暖系统节能的方方面面。各热力企业应该以本《标准》为重要工具，确立供暖系统降耗目标，建立具体可行的能耗统计与监管制度，同时在内部管理运行方式和外部沟通合作模式上一起发力。最终共同完成建筑能耗总量控制目标。

第5章　地方标准及实践经验

5.1　地方标准编制方法和原则

本《标准》是以实际的建筑能耗数据为基础，制定符合我国当前国情的建筑能耗指标，强化对建筑终端用能强度的控制与引导。同时，也希望在本《标准》得到全面落实后，能够指导地方（省、市、县）开展本地区的建筑能耗总量控制工作。一方面，可以根据本《标准》规定的约束值与该地区各类建筑的总量进行核算；另一方面，可以根据当地实际的建筑用能水平制定地方标准。

近年来，随着各地建筑能耗统计报送、建筑能耗监测、建筑能耗审计工作等的相继开展，各个城市和地区逐步具有了数据收集的基础，纷纷开始探索建筑能耗限额管理的方法，深圳、上海、北京等地先后根据自身特点开展了相关研究，以试行标准、用能指南或指导文件等不同形式发布了限额或用能指导水平，各地开展限额工作的思路也各具特色，积累了一些经验，如表5-1所示。

各地方出台的建筑能耗限额相关政策表　　　　　　　　　　　表 5-1

城市和地区	所属气候分区	用能限制对象	限额方法	发布的标准、指南、文件名称	发布时间
上海	夏热冬冷	办公建筑	按照建筑规模和空调系统形式给出了具体限额值	《市级机关办公建筑合理用能指南》	2011 年 6 月 15 日
		旅游饭店	按照星级给出了具体限额值	《星级饭店建筑合理用能指南》	2011 年 12 月 15 日
		商场	按照不同类型给出了具体限额值	《大型商业建筑合理用能指南》	2011 年 12 月 31 日
南京	夏热冬冷	商场、超市、行政机关、宾馆饭店、普通高等院校	宾馆按星级、学校按学生规模、其他按不同限额指标给出了具体限额值	《南京市主要耗能产品和设备能耗限额和准入指标》（2012 年版）	2012 年 9 月 13 日
深圳	夏热冬暖	办公建筑	按照政府办公和商业办公建筑分别给出了具体限额值	《深圳市办公建筑能耗限额标准（试行）》	2013 年 1 月 20 日
		旅游饭店	按照星级给出了具体限额值	《深圳市旅游饭店建筑能耗限额标准（试行）》	2013 年 1 月 20 日
		商场	按照不同类型给出了具体限额值	《深圳市商场建筑能耗限额标准（试行）》	2013 年 1 月 20 日

续表

城市和地区	所属气候分区	用能限制对象	限额方法	发布的标准、指南、文件名称	发布时间
北京	寒冷	单位建筑面积在3000m² 以上（含）且公共建筑面积占该单体建筑总面积50%以上（含）	年度电耗限额指标=前5年用电量均值×（1-降低率）（运行未满5年按已有年度计算），2014年和2015年基础降低率分别为6%和12%，能耗最低前5%的降低率为0，能耗最高前5%的降低率为基础降低率乘以1.2的系数，其他为基础降低率	《关于印发北京市公共建筑能耗限额和极差价格工作方案（试行）的通知》（京政办函〔2013〕43号）	2013年5月28日
广东	夏热冬暖	年综合能耗超过500tce的宾馆和商场	旅馆饭店按照星级、商场按照普通商场和家具建材商场分别给出了具体限额值	《广东省宾馆和商场能耗限额》（试行）	2013年12月13日

在开展地方各类建筑能耗标准的研究工作时应基于总量控制的原则，指标的确定应充分考虑公平性，针对建筑能耗的统计、计算应具有可行性，并且应根据建筑用能水平和社会经济发展水平的变化适时进行修订，因此，应符合以下原则：

（1）建筑用能总量控制原则：即在开展相关标准研究时，对建筑能耗强度进行有效的控制从而对能源总量进行约束，这是开展地方标准编制的根本出发点。

（2）公平性：不同类型的建筑用能情况差异很大，而且对于同一种类型的建筑，在实际使用过程中，由于经济发展情况、使用人数或频率、建筑年代等因素也会导致建筑能耗产生差别，因此在确定指标时，应综合考虑这些方面，使指标值的确定公平、科学。

（3）可行性：地方标准的编制应在其公平、合理的基础上具有可行性，即通过确定的指标评价建筑能耗，并且该指标是可以通过科学的方法相对容易获得，且结合各地方的能耗数据收集工作基础因地制宜地开展。

（4）动态性：由于建筑能耗可以反映人们对于生活环境的要求，同时也能体现当前能源经济发展水平，而这些方面是会随着社会的发展产生改变的，与此同时，气候的改变也会影响建筑用能。因此，为了能够客观地反映建筑能耗水平，指标值的确定不能是一成不变的，而是可以根据某些客观因素进行修正。

地方建筑能耗标准的编制研究工作主要包括建筑能耗数据的收集筛选、能耗数据库的建立、用能指标的选择、数据处理分析方法、基准线的确定几个步骤。首先通过不同的方式对建筑能耗的数据进行统计，建成一个能耗数据库，然后根据不同的建筑类型，确定适合该类建筑的能耗评价指标，通过运用数据处理方法对数据库中的能耗数据进行分析，得出适合不同建筑的能耗指标值。基于总量控制的建筑能耗指标确定方法流程如图5-1所示。

1. 建筑能耗数据收集与使用

1）建筑能耗数据基本信息

在建筑节能体系中，建立能耗监测系统和能耗统计系统是进行建筑能耗分析的首要条件。常见的能耗数据采集方法主要包括分类能耗采集和分项能耗采集两类。分类能耗采集是指根据建筑消耗的主要能源种类划分（如电、燃气、水等）进行能耗数据的采集和整理，主要适用于建筑能耗统计；分项能耗采集是指根据建筑消耗的各类能源的主要用途划分（如空调、供暖、通风、热水、动力和照明等用能）进行能耗数据的采集和整理。

建筑用能系统应按照不同能耗设置分项计量装置，一般情况下，能耗可以按三类区分：

第一类能耗，即常规能耗和水耗。得到建筑供暖、通风和空调能耗、照明能耗、室内办公设备和家电能耗、动力设备（电梯等）能耗、热水供应能耗。

第二类能耗，即特殊能耗。例如，24 小时空调的计算中心、网络中心、大型通信机房、有大型实验装置的实验室、工艺过程对室内环境有特殊要求的房间等能耗，并将其从总能耗中扣除。

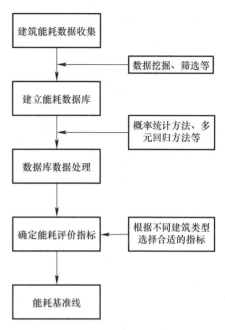

图 5-1　地方建筑能耗标准
编制研究工作流程图

第三类能耗，即按照建筑面积基准收费的城市热网供热消耗量。此类建筑能耗费用值应单独记录。

对建筑总能耗进行分项时，应对每项计量设置单独的变配电支路和计量装置，并设置设备的运行记录表。图 5-2 所示为建筑能耗分项计量结构图。

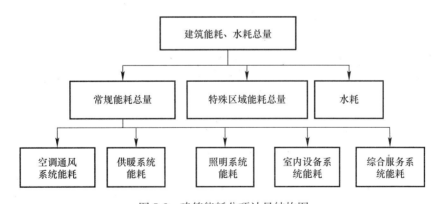

图 5-2　建筑能耗分项计量结构图

获取建筑物的能耗数据是开展各项建筑节能工作的基础，特别是对开展基准线研究来说，如何在不花费太大的成本的情况下获取尽可能准确的数据是研究的主要难点。总的来说，能耗数据的获取主要有三个途径：通过建筑能耗统计获取的统计数据、通过测量或者能耗监测获取的实测数据以及通过计算软件模拟获得的计算数据。

2）建筑能耗数据边界划分

通过统计、测量或监测以及模拟获得的能耗数据，还不能直接进行分析处理，需要对其进行边界划分。

根据我国行业标准《建筑能耗数据分类及表示方法》JG/T 358，建筑能耗有不同的分类方法，如果按照用途分类可分为供暖用能、供冷用能、生活热水用能、风机用能、炊事用能、照明用能、设备用能等；如果按照用能边界分类，先要明确是针对单体建筑或建筑群，具体选择哪一种分类需要根据建筑实际用能情况进行。

不同的建筑能耗分类决定了不同的能耗指标形式，同样也适用于不同类型的能耗基准线，这也是基准线确定可行性原则的体现。对于第一类能耗基准线，确定基准模型往往针对某一栋建筑，因此进行建筑能耗模拟时，主要针对建筑实际获得冷热量和建筑系统的用能，很少涉及区域冷热量，因此不适用建筑能耗按边界分类的方法。而第二类基准线需要大量的建筑能耗数据支撑，但是目前建筑分项能耗的获取非常困难，因此不适用建筑能耗按用途分类的描述方法。

另外，由于建筑在实际用能过程中采用不同种类的能源，确定建筑能耗基准线时应对不同种类的能源统一折算，不论哪一种折算方法都是为了保证基准线的确定科学、公平，目前主要有三种能耗换算方法：电热当量法、发电煤耗法、等效电法。

（1）终端能耗法：所谓终端能耗是指能源消费量减去能源加工、转化和储运这三个中间环节的损失后的能源量，也就是终端用能设备入口得到的能源。因此，终端能耗法是按照末端实际能耗的热量数值统计，在美国一般采用这种方法。

（2）一次能耗法：一次能耗法是指把所有的能耗根据热值折算成热量，其中电力按照发电煤耗所含的热量的数值统计，其他类型都直接按照其热量（或冷量）统计。

（3）等效电法：根据目前技术条件下转换为电力时的最大转换能力，把各种形式的能源都换算为电力，具体折算方法可以参考行业标准《建筑能耗数据分类及表示方法》JG/T 358。

2. 建筑能耗数据库的建立

通过统计、测量或监测以及模拟得到的能耗数据，数量庞大，需要将数据统一到建筑能耗数据库再对其进行分析。

建筑能耗数据库主要包括建筑总能耗、建筑基本信息、室内热湿环境、室外气象参数、用能信息管理以及能耗评价指标几部分。

建筑总能耗主要指建筑的总耗电量、耗气量、耗水量、耗蒸汽量、总能耗、可再生能源量以及总收入等；

建筑基本信息包括建筑的名称、地理位置、竣工年份、建筑类型、建筑层数、建筑面积、车库面积、空调采暖面积以及围护结构信息等；

室内外环境参数主要包括温度、湿度、风速等；

用能信息管理主要指建筑的冷热源、生活热水供应、电力供应、电梯运行、公共照明等用能设备信息；

能耗评价指标包括建筑总耗电量、耗水量、耗气量指标，可再生能源利用率，针对不同的建筑形式有已售房每夜能耗量、每年每营业小时能耗量、每年每人能耗量、每年每床位能耗量等。

3. 建筑能耗的影响因素分析

结合已有相关研究，建筑能耗影响因素在建筑层面可以简单归结为几类，分别是环境因素、建筑功能、服务水平、人的行为方式。

1）环境因素

环境因素影响建筑能耗主要体现在气候环境、地理位置和当地的经济发展和服务业发展。

气候环境的影响主要是指建筑冷热负荷受室外温湿度的影响。不同气候区内，建筑室内对冷热除湿的需求不一样，比如在南方潮湿地区，除湿较之于降温，是改善室内热环境的有效措施。

地理位置对能耗的影响主要体现为该地区的人员活动行为习惯。以酒店建筑为例，如果该地区旅游业较发达，则相比工作日，在周末和节假日该地区酒店建筑客房入住率会比较高，酒店能耗相应较高。

另外，经济发达的地区，人员工作时长可能偏大，对建筑环境的要求偏高，造成建筑能耗偏高；经济发达的地区新建建筑较多，对建筑节能要求较高，在建造阶段就已经考虑了建筑节能，有些新建建筑的能耗可能会较低。现代服务业相比传统服务业能耗偏低，资源占有少且附加值高，现代服务业的发展对建筑能耗也有一定的影响。

2）建筑功能

不同的建筑其使用功能不一样，而使用功能决定了建筑的使用时间。

对于办公建筑，使用时间一般为工作日的上午八点到下午六点，在此期间，人员活动密集，灯光、插座和空调系统处于开启状态。

对于医院建筑，人员密度较大，灯光、插座和空调系统一般全天 24 小时处于开启状态。

对于商场建筑，则一般为上午九点到晚上十点为人员活动时间，且周末和节假日的人员密度相比工作日会更大。

对于酒店建筑，建筑内一般包含客房、餐厅、厨房、会议室、宴会厅、健身房、游泳池、舞厅等，由于各区域的使用功能不同，也决定了其使用时间的不同。

建筑使用时间主要指人员、灯光、插座和空调的作息时间，灯光、插座的使用时间决定了建筑的灯光和设备能耗，人员和空调作息则主要体现了建筑的空调采暖能耗。

3）服务水平

对于公共建筑来说，不同类型的建筑，相应的都有不同的级别和档次，级别档次不同，其建筑服务水平也不相同。

对于办公建筑，服务水平主要体现在建筑内的空调形式。高档写字楼一般使用集中央空调系统，而一般的写字楼则普遍采用分体空调。集中空调系统主要有两种调控方法，分别是"全空间、全时间"的室内环境调控方式和给予末端独立调控的方式，控制方式的不同，对办公建筑的能耗有很大的影响。

对于酒店建筑，服务水平主要体现在相关休闲设施的配套、公共区域面积比例、房间人均新风量等。

不同星级的酒店需要有与其星级对应的相配套的休闲设施，比如五星级酒店一般要求有游泳池、健身房等。不同星级的酒店公共区域面积比例也不同，五星级酒店公共区域面积一般占总建筑面积的 20% 左右，而四星级酒店公共区域面积占总建筑面积的 15% 左右。另外，不同星级酒店各功能房间内的人均新风量也不一样，五星级酒店房间新风量一般比四星级高 20% 左右，比三星级高 30%～40%。同时，不同星级酒店建筑内的灯光设计、用电设备的配置等也不同。

对于商场建筑，服务水平主要体现在商场的功能区域，比如大型商场是否有影院、餐厅、娱乐休闲室等。

对于医院建筑，服务水平体现在特定手术室和病房内的热湿环境的严格要求性，对灯光照明、插座用电、洁净度、噪声等都有较高的要求。

不同的建筑类型有其相对应的服务水平，服务水平对能耗的影响最终归结为建筑内人员行为对能耗的影响，而人员活动则依赖于建筑内的设施、灯光、插座、空调系统，共同影响能耗。

4）人的行为方式

建筑能耗的另一个重要影响因素为人的用能习惯。对于公共建筑而言，建筑空调系统多为集中空调系统，且集中空调的调控分为"全时间、全空间"调控和末端独立调控，由于中国人对于能源方式的使用随意性比较大，比如空调系统的调节按照设备规定操作的调控占55％，按照业主/领导要求进行调控的占40％，按照室内温度进行调控的占5％。所以，在建筑设计阶段和能耗模拟过程中对于建筑空调系统作息时间设置和实际运行过程中的运行控制不一致，导致模拟结果不准确。清华大学针对"生活模式和人的行为对建筑能耗的影响"进行了研究，并逐步把中国人的用能习惯嵌入到DeST能耗模拟软件中，以保证模拟结果的准确性。

除此之外，人们也缺乏对建筑节能的认识，比如建筑遮阳，建筑遮阳作为建筑节能的措施之一，采用建筑遮阳可以节约制冷用能25％以上，节约采暖用能10％以上，能够大大地提高建筑热舒适及视觉舒适性。

另外，不同功能建筑内，人员的用能行为不同。对于政府办公建筑和事业单位办公建筑，用能者均为领导层人物，其对空调、照明的使用尤为浪费，公共部位照明常年开启，在室外天气晴朗的时候室内依然采用照明。对于商场类建筑，由于商品对灯光的特殊要求，照明耗电量较大，建筑空调集中管理，使用者无法控制调节；商场内用电设备统一管理，限制了人员的用能行为。对于新建建筑，虽然照明可以自由调控，但是空调新风系统、室内温度的控制由物业统一管理，即使室内有空调温度可调开关，但是工程管理人员控制系统最终温度，从而在一定程度上限制了空调的调节。

从建筑层面上看，公共建筑的能耗影响因素可以分为环境因素、建筑功能、服务水平和人的行为方式，但对于不同建筑类型，其建筑能耗影响的敏感性因素不同，可以通过数理分析和能耗模拟两种方法确定不同类型建筑的能耗敏感性因素。

公共建筑的能耗敏感性因素，利用统计数据分析时，一般对影响因素与能耗的相关性进行分析，然后建立能耗与影响因素的多元回归模型。

公共建筑能耗敏感性因素采用能耗模拟的方法进行确定时，一般需要先设计正交试验，然后对不同的试验进行能耗模拟，再对能耗进行偏差分析，以确定影响因素对能耗的影响显著性。

结合两种敏感性因素的确定方法，对于政府办公建筑，建筑朝向、建筑层高、空调系统形式是其敏感性因素。对于酒店建筑，其敏感性因素有酒店星级、客房入住率、建筑形式、人均生活热水用量。对于商场建筑，其敏感性因素有室内温度、人员密度、照度标准、灯具类型；使用节能灯具是商场建筑的节能关键，新风指标的科学选择对冬季较寒冷地区的商场建筑非常重要。对于医院建筑，住院人数、急诊量、医院类别、床位数是其敏感性因素。

4. 能耗指标的选择

建筑能耗指标是技术性指标,其指标形式直接影响着建筑能耗的分配方式,是能耗标准价值取向的具体表现。在能耗指标的选取上可充分参考《民用建筑能耗标准》,按照所在区域的不同气候区特点和不同的建筑类型特点进行确定。

5. 数据处理分析方法

目前,对建筑能耗数据的处理一般采用统计学方法,采用此方法时一般需要较大的样本容量,可以使用多元线性回归的方法,分析出建筑能耗与影响因素之间的关系,建立回归模型确定能耗基准线;或者采用平均值法、概率分布法、分位数法对能耗数据进行分析,确定能耗基准值。除了统计分析方法,还可以借助分值评估系统,通过输入建筑的实际能耗数据,与能耗数据库中的同类型标准建筑能耗相比,得出该建筑的评估分数,确定基准线。还可以采用能耗模拟的方法对建筑进行能耗模拟确定能耗指标值。

5.2　上海市建筑用能标准制定与执行情况

"十二五"期间,上海市建筑行业发展迅速,建筑规模进一步扩大。截至 2014 年底,上海市城镇民用建筑总面积达到 89618 万 m^2,民用建筑总能耗达到 2239 万 tce,约占全市社会总能耗的 20.2%。其中,公共建筑规模总量虽然仅占 32%,其能源消耗却达到了建筑总能耗的 57%,平均单位建筑面积能耗为居住建筑的 4 倍左右。因此,对公共建筑尤其是大型公共建筑进行节能管理,是有效控制建筑能耗增长幅度,推进建筑节能的重要途径之一。

建立各类公共建筑用能标准,使得建筑用能管理评价有据可依,是激发市场节能需求、挖掘节能潜力、推动公共建筑能源管理水平提升的有效手段。上海市在"十二五"期间陆续出台的建筑用能标准包括《机关办公建筑合理用能指南》、《星级饭店建筑合理用能指南》、《大型商业建筑合理用能指南》、《高校建筑合理用能指南》、《市级医疗机构建筑合理用能指南》、《综合建筑合理用能指南》共 6 部,涵盖了机关办公建筑、旅游饭店建筑、商业建筑、高校建筑、医疗建筑等不同建筑类型。

此外,随着上海公共建筑节能工作的不断深入,建筑用能水平、用能结构也在不断变化,上海为匹配当前的建筑用能形势,已有多项用能指南启动了修订工作,并已有多项细分领域的建筑用能指南启动编制工作。

5.2.1　机关办公建筑

上海市于 2011 年颁布《市级机关办公建筑合理用能指南》DB31/T 550—2011,并于 2015 年进行了修订,更详细地给出了对标标尺和节能技改参考标准,以定量管理促进机关节能。

《机关办公建筑合理用能指南》首次用等效电的概念给出单位建筑面积年综合能耗指标,并且将信息数据中心面积大小纳入用能影响范围。指南区分了中心城区和郊区,给出了独立办公形式机关办公建筑和集中办公形式机关办公建筑的用能合理值和先进值。指南列出了不同机关单位的能耗指标,如表 5-2~表 5-4 所示。

中心城区独立办公形式机关办公建筑能耗指标　　表 5-2

类别	建筑面积	空调形式	评价指标：单位建筑面积年综合能耗指标 [kgce/(m²·a)]		单位建筑面积年综合能耗指标合格率 [kWh/(m²·a)]	
			先进值	合理值	先进值	合理值
A	<10000	分体式，多联分体式	≤16.0	≤26.0	≤68.0	≤85.0
B		集中式空调系统	≤20.0	≤30.0	≤76.0	≤95.0
C	≥10000	分体式，多联分体式	≤21.0	≤31.0	≤84.0	≤105.0
D		集中式空调系统	≤24.0	≤33.0	≤88.0	≤110.0

郊区独立办公形式机关办公建筑能耗指标　　表 5-3

类别	建筑面积 (m²)	空调形式	评价指标：单位建筑面积年综合能耗指标 [kgce/(m²·a)]		单位建筑面积年综合能耗指标合格率 [kWh/(m²·a)]	
			先进值	合理值	先进值	合理值
A	<10000	分体式，多联分体式	≤15.0	≤24.0	≤64.0	≤80.0
B		集中式空调系统	≤16.0	≤27.0	≤72.0	≤90.0
C	≥10000	分体式，多联分体式	≤20.0	≤29.0	≤80.0	≤100.0
D		集中式空调系统	≤22.0	≤30.0	≤84.0	≤105.0

中心城区和郊区不含公共部位能耗分摊的集中办公形式机关办公建筑能耗指标　表 5-4

类别	建筑面积 (m²)	评价指标：单位建筑面积年综合能耗指标 [kgce/(m²·a)]		单位建筑面积年综合能耗指标合格率 [kWh/(m²·a)]	
		先进值	合理值	先进值	合理值
1	不含公共部位能耗分摊的集中办公机关	≤11.0	≤18.0	≤32.0	≤50.0

上海市实行公共机构节约能源资源评价制度，将节能目标完成情况和节能措施实施情况，作为对市级公共机构及所属公共机构节能管理部门节能工作年度考核评价的内容，考核结果将作为公共机构年度绩效考评、文明单位评选等的依据。其中，评估形式为各家单位上交自评估报告书（含自评估打分表及所属单位考核分值汇总表），其中机关单位能耗限额参考上海市《机关办公建筑合理用能指南》。

5.2.2　医疗卫生建筑

上海市于 2012 年颁布了《市级医疗机构建筑合理用能指南》DB31/T 554—2012，该指南规定了市级医疗机构建筑合理用能指南的术语和定义、技术要求、统计范围和计算方法及管理要求，对上海市级综合、专科医院，在从事疾病诊断、治疗活动过程中各类建筑能源消耗量的计算与评价提供了依据。

表 5-5～表 5-8 所示为上海市不同类型医院单位建筑面积综合能耗指标的合理值和先进值。可以根据医院统计报告期内的建筑面积、床位数和门急诊人数得到需要的参数数值，查询对应的指标值。

综合医院单位建筑面积综合能耗指标合理值　　　　　　　　　　表 5-5

	类型	单位建筑面积综合能耗 [kgce/(m² · a)]
A	单位床位建筑面积≥100m²/床，单位建筑面积门急诊人次<20 人次/m²	≤71
B	单位床位建筑面积≥100m²/床，单位建筑面积门急诊人次≥20 人次/m²	≤76
C	单位床位建筑面积<100m²/床，单位建筑面积门急诊人次<20 人次/m²	≤77
D	单位床位建筑面积<100m²/床，单位建筑面积门急诊人次≥20 人次/m²	≤81

综合医院单位建筑面积综合能耗指标先进值　　　　　　　　　　表 5-6

	类型	单位建筑面积综合能耗 [kgce/(m² · a)]
A	单位床位建筑面积≥100m²/床，单位建筑面积门急诊人次<20 人次/m²	≤58
B	单位床位建筑面积≥100m²/床，单位建筑面积门急诊人次≥20 人次/m²	≤59
C	单位床位建筑面积<100m²/床，单位建筑面积门急诊人次<20 人次/m²	≤60
D	单位床位建筑面积<100m²/床，单位建筑面积门急诊人次≥20 人次/m²	≤62

专科医院单位建筑面积综合能耗指标合理值　　　　　　　　　　表 5-7

	类型	单位建筑面积综合能耗 [kgce/(m² · a)]
E	单位床位建筑面积≥85m²/床，单位建筑面积门急诊人次<20 人次/m²	≤73
F	单位床位建筑面积≥85m²/床，单位建筑面积门急诊人次≥20 人次/m²	≤77
G	单位床位建筑面积<85m²/床，单位建筑面积门急诊人次<20 人次/m²	≤78
H	单位床位建筑面积<85m²/床，单位建筑面积门急诊人次≥20 人次/m²	≤82

专科医院单位建筑面积综合能耗指标先进值　　　　　　　　　　表 5-8

	类型	单位建筑面积综合能耗 [kgce/(m² · a)]
E	单位床位建筑面积≥85m²/床，单位建筑面积门急诊人次<20 人次/m²	≤61
F	单位床位建筑面积≥85m²/床，单位建筑面积门急诊人次≥20 人次/m²	≤63
G	单位床位建筑面积<85m²/床，单位建筑面积门急诊人次<20 人次/m²	≤65
H	单位床位建筑面积<85m²/床，单位建筑面积门急诊人次≥20 人次/m²	≤66

在计算单位建筑面积综合能耗时，需考虑洗衣房和特殊区域的用能影响，指南中给出了其调整系数的计算方法。

5.2.3　高等院校建筑

高校集教学、科研和生活于一体，为人员高度密集区，主要活动人群单一，能源种类较多，能耗总量较大。上海市于 2012 年颁布了《高校建筑合理用能指南》DB31/T 553—2012，对高等院校节能工作起到积极的引导作用。

指南中规定的能耗指标包括单位面积年综合能耗指标、生均年综合能耗指标、单位建筑面积年电耗指标和生均年电耗指标，修正因素包括学校类型和学校类别。具体如表 5-9～表 5-11 所示。

上海市《高等学校合理用能指南》能耗/电耗指标 表 5-9

指标等级	单位建筑面积年综合能耗 kgce/(m² · a)	生均年综合能耗 kgce/(per · a)	单位建筑面积年电耗 kWh/(m² · a)	生均年电耗 kWh/(per · a)
3	<19	<446	<51	<1276
2	[19, 25]	[446, 586]	[51, 70]	[1276, 1658]
1	>25	>586	>70	>1658

上海市《高等学校合理用能指南》修正系数 1 表 5-10

学校类型	政法、体育、艺术	财经	语文	师范	理工、农业	综合	医药
修正系数	0.6	0.75	0.8	0.9	1.0	1.1	1.2

上海市《高等学校合理用能指南》修正系数 2 表 5-11

学校类型	"985 高校"	"211 高校"	其他高校
修正系数	1.2	1.1	1.0

5.2.4 宾馆饭店建筑

2011 年，上海市颁布了《星级饭店建筑合理用能指南》DB31/T 551—2011，目前该指南已启动修订工作。该指南给出宾馆饭店建筑用可比单位建筑综合能耗指标，并按照一至三星级、四星级、五星级饭店建筑的可比单位建筑综合能耗合理值和先进值，给出了星级饭店建筑综合能耗指标修正项计算方法。该指南为本市宾馆饭店建筑提供了详细的能耗对标标尺和节能技改参考依据，以定量管理促进宾馆饭店业的节能工作。

上海星级饭店的对标指标为可比单位建筑综合能耗，按照先进值（上四分位值）和合理值（下四分位值）分别给出五星级、四星级和一至三星级能耗指标如表 5-12 所示。

星级饭店建筑综合能耗指标合理值和先进值 表 5-12

星级饭店类型	可比单位建筑综合能耗合理值 kgce/(m² · a)	可比单位建筑综合能耗先进值 kgce/(m² · a)
五星级饭店	≤77	≤55
四星级饭店	≤64	≤48
一至三星级饭店	≤53	≤41

上海《星级饭店建筑合理用能指南》在单位建筑综合能耗基础上进行修正，修正因素有客房套数密度、客房年平均出租率、洗衣房设备密度和室内车库建筑面积比例。指南中详细规定了各修正因素的取值要求或计算方法。

目前，上海市已初步建立"旅游饭店建筑能耗对标系统"，旅游饭店企业可统一登录平台，上报每月用能情况。各级旅游主管部门可通过该平台掌握辖区内旅游饭店的用能和对标情况。

5.2.5 商业建筑

2011 年，上海市颁布了《大型商业建筑合理用能指南》DB31/T 552—2011，将商业建筑按业态分为五类，适用于建筑面积≥5000m² 的百货店及购物中心、超市及仓储店；建筑面积≥3000m² 的餐饮店、浴场；建筑面积≥1000m² 的家电专业店。各类型用能指标如表 5-13 所示。对于不同的商业建筑业态，需根据营业额或建筑面积进行修正。

商业建筑用能指标　　　　　　　　　　表 5-13

业态类型	可比单位建筑年综合能耗 (e_c) kgce/(m² · a)	
	合理值	先进值
百货店及购物中心商业建筑	≤90	≤65
超市及仓储店商业建筑	≤105	≤75
家电专业店商业建筑	≤50	≤35
餐饮店商业建筑	≤150	—
浴场商业建筑	≤110	—

5.2.6　商务办公建筑

2014 年上海市颁布了《综合建筑合理用能指南》DB31/T 795—2014，其中对办公建筑功能区域的用能指标进行了规定，如表 5-14 所示。

办公建筑功能区域用能指标　　　　　　表 5-14

按空调系统类型分类	单位建筑综合能耗 kgce/(m² · a)	
	合理值	先进值
集中式空调系统建筑	≤47	≤33
半集中式、分散式空调系统建筑	≤36	≤25

指南将办公建筑按空调形式分为了两类，并分别给出了对应的合理值和先进值。指南中对于车库给出了单独的用能指标，因此办公建筑能耗计算时应除去车库的面积。

5.2.7　小结

作为全国较早颁布地方性能耗标准的地区之一，"十二五"期间，上海市陆续出台机关办公建筑、市级医疗机构建筑、高校建筑、星级饭店建筑、综合建筑合理用能指南、大型商业建筑等 6 部建筑用能指南，并截止到本书撰稿前，已有多部新的建筑用能指南启动编制工作，以及多部已有用能指南已启动修订工作，计划在"十三五"期间颁布。

建筑用能指南的颁布与实施，为上海市节能工作提供了有力的支撑，在能源审计、节能改造、能效测评、分项计量等多个业务板块发挥了重要作用，极大地促进了上海市节能工作的开展。

5.3　广东省公共建筑能耗标准编制

近年来，广东省建筑规模逐步扩大，建筑能耗也呈逐年增长的趋势。根据《广东省统计年鉴 2005～2016》相关数据统计，广东省建筑能耗由 2005 年的 3760 万 tce 增长至 2015 年的 7705 万 tce，增长近一倍，如图 5-3 所示。根据广东省 2015 年的能耗统计、能源审计及能耗公示相关工作，经统计测算，广东省民用建筑年平均单位面积耗电量 73.3kWh/(m² · a)。

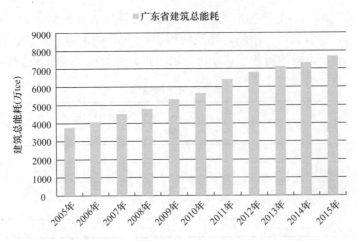

图 5-3　广东省民用建筑能耗 2005～2015 年变化趋势图

"十二五"期间，广东省高度重视建筑节能与绿色建筑发展工作，全面落实国务院和省政府关于节能减排的方针政策，把建筑节能与绿色建筑发展作为转变住房城乡建设发展方式、实现建筑业转型升级的重要举措来抓，建筑节能与绿色建筑发展工作取得了一定的成效。截至 2015 年年底，全省新建建筑设计阶段和竣工验收阶段的节能标准执行率达到 100%。广东省"十二五"期间累计建成节能建筑超过 6.2 亿 m²，折合节约能源约 560 万 tce。

为合理控制建筑能耗水平，我国提出了能源总量控制策略，落实实施建筑能耗限额，超定额加价建筑管理方式。为了贯彻落实建筑能耗总量控制，规范建筑运行能耗管理，国家编制并出台了本《标准》，对民用建筑尤其是各类型公共建筑的能耗限额值作出了指导。

由于我国地域辽阔，气候差异大，同类建筑在各地的用能强度差异较大，且各地经济发展不均衡，各地节能技术及水平差异也较大，使得国家标准对建筑的能耗限额值要求相对较宽。广东省大部分区域属于夏热冬暖地区，少部分区域属于夏热冬冷地区，经济发展不均匀，使得全省同类建筑在不同地区的能耗强度差异较大。为更好地结合当地实际情况，需要制定更加适合广东省当地执行的建筑能耗限额值。根据广东省住房和城乡建设厅《关于发布〈2012 年广东省工程建设标准修订和修订计划〉的通知》的要求，广东省编制了《公共建筑能耗限额编制方法》，标准自 2016 年 2 月 1 日起发布实施。同年，根据广东省住房和城乡建设厅《关于发布〈公共建筑能耗标准〉制订计划的通知》，计划制定并发布《公共建筑能耗标准》，该标准目前已形成报批稿。

5.3.1　标准简介

广东省标准《公共建筑能耗标准》是在本《标准》的基础上，结合广东省近年来公共建筑实际运行能耗数据，制定符合广东省的公共建筑能耗指标，强化对建筑终端用能强度的控制与引导。是对《广东省民用建筑节能条例》的贯彻落实。

标准的主要技术内容包括：总则、术语、基本规定、能耗指标、能耗指标修正以及条文说明等六个部分。标准适用于广东省内所有地区的办公、旅馆、商场、停车场四类公共建筑运行能耗的管理。

标准中给出了各类型公共建筑能耗指标的约束值和引导值。约束值是指为实现建筑使

116

用功能所允许消耗的建筑能耗指标上限值；引导值是指在实现建筑使用功能的前提下，综合高效利用各种建筑节能技术和管理措施，实现更高建筑节能效果的建筑能耗指标期望目标值。

与国标相类似，标准中考虑到自然通风对建筑能耗的影响，分为 A 类和 B 类公共建筑。A 类公共建筑是指，可通过开启外窗方式利用自然通风达到室内温度舒适要求，减少空调系统运行时间，减少能源消耗的公共建筑；B 类公共建筑是指，因建筑功能、规模等限制或受建筑物所在周边环境的制约，不能通过开启外窗方式利用自然通风，而需常年依靠机械通风、空调系统等方式，维持室内温度舒适要求的公共建筑。

标准的作用主要体现在以下几个方面：

第一，对于新建建筑，标准是公共建筑节能的目标，应用来规范和约束设计、施工和运行管理的全过程；对于既有公共建筑，标准给出评价其用能水平的方法。

第二，当实际用能量高于本《标准》给出的用能约束值时，说明该建筑用能偏高，需要进行节能改造；当实际用能量位于约束值和引导值之间时，说明该建筑用能状况处于正常水平；当实际用能量低于引导值时，说明该建筑真正属于节能建筑。

第三，当实行建筑用能限额管理或建筑碳交易时，标准给出的约束值可以作为用能限额及排碳数量的基准线参考值，也可为超限额加价制度的实施以及对超额碳排放实施相应的约束措施提供了基准数据依据。

5.3.2　各类型建筑能耗指标的制定

1. 办公建筑的能耗指标约束值和引导值

与国标相类似，标准中将办公建筑分为党政机关办公建筑和商业办公建筑，并按照 A 类和 B 类分别给出了对应的能耗指标约束值和引导值，指标如表 5-15 所示。

办公建筑能耗指标的约束值和引导值［kWh/(m² · a)］　　　　表 5-15

建筑分类		约束值	引导值
A 类	党政机关办公建筑	65	50
	商业办公建筑	80	65
B 类	党政机关办公建筑	80	60
	商业办公建筑	100	75

2. 旅馆建筑的能耗指标约束值和引导值

标准中按照星级将旅馆建筑分为三星级及以下酒店、四星级酒店、五星级酒店，并按照 A 类和 B 类分别给出了对应的能耗指标约束值和引导值，指标如表 5-16 所示。

旅馆建筑能耗指标的约束值和引导值［kWh/(m² · a)］　　　　表 5-16

建筑分类		约束值	引导值
A 类	三星级及以下酒店	100	80
	四星级酒店	120	100
	五星级酒店	130	110

建筑分类		约束值	引导值
B类	三星级及以下酒店	150	110
	四星级酒店	190	140
	五星级酒店	220	160

3. 商场建筑的能耗指标约束值和引导值

标准中对于 A 类商场建筑分为一般百货店、一般购物中心、一般超市、餐饮店、一般商铺建筑等五类，B 类商场建筑分为大型百货店、大型购物中心和大型超市等三类，分别给出了对应的能耗指标约束值和引导值，指标如表 5-17 所示。

商场建筑能耗指标的约束值和引导值 $[kWh/(m^2 \cdot a)]$ 表 5-17

建筑分类		约束值	引导值
A类	一般百货店	120	100
	一般购物中心	120	100
	一般超市	135	105
	餐饮店	85	65
	一般商铺	85	65
B类	大型百货店	245	190
	大型购物中心	300	245
	大型超市	290	240

4. 机动车停车库的能耗指标约束值和引导值

标准中单独给出了公共建筑机动车停车库的能耗指标约束值和引导值，指标如表 5-18 所示。

机动车停车库能耗指标的约束值和引导值 $[kWh/(m^2 \cdot a)]$ 表 5-18

功能分类	约束值	引导值
办公建筑	9	6
旅馆建筑	15	11
商场建筑	12	8

另外，对于同一建筑中包括办公、旅馆、商场、停车库等的综合性公共建筑，可将各功能区能耗指标实测值，分别与对应功能类型的建筑能耗指标约束值与引导值进行逐一比较；也可将建筑总能耗除以该建筑的总建筑面积得到的能耗指标实测值，与综合性建筑能耗指标约束值和引导值进行比较。

5.3.3 广东省各地区能耗指标修正

考虑到广东省内各地区气候与经济发展程度等因素对公共建筑能耗的影响，制定了广东省 B 类公共建筑地区用能水平系数，对各地区 B 类公共建筑能耗指标约束值与引导值进行修正，修正后的数据就作为各地区当地的建筑能耗指标约束值与引导值。对于 A 类公共建筑，全省各地的能耗指标差异不大，因此不考虑修正。

广东省各地区 B 类公共建筑能耗指标约束值与引导值的修正公式如下：

$$E_{cvz} = E_{cv} \cdot n \tag{5-1}$$

$$E_{lvz} = E_{lv} \cdot n \tag{5-2}$$

式中　E_{cvz}——广东省各地区 B 类公共建筑能耗指标约束值 $[kWh/(m^2 \cdot a)]$；

E_{cv}——广东省 B 类公共建筑能耗指标约束值 $[kWh/(m^2 \cdot a)]$；

E_{lvz}——广东省各地区 B 类公共建筑能耗指标引导值 $[kWh/(m^2 \cdot a)]$；

E_{lv}——广东省 B 类公共建筑能耗指标引导值 $[kWh/(m^2 \cdot a)]$；

n——广东省 B 类公共建筑地区用能水平系数，见表 5-19。

广东省 B 类公共建筑地区用能水平系数（n）　　　　表 5-19

地区分类	用能水平系数	主要地区
一	1.2	广州、深圳
二	1.1	珠海、东莞、中山、佛山
三	1.0	惠州、江门、肇庆、湛江、清远、汕头、韶关
四	0.9	茂名、阳江、揭阳、汕尾、潮州、梅州、河源、云浮

5.3.4　广东省公共建筑能耗指标修正

当公共建筑实际使用超出标准规定的指标时，如办公建筑的使用时间和使用人数、宾馆酒店建筑的入住率和客房区面积比例、商场建筑的使用时间等超过了标准规定时，宜对标准中的能耗指标实测值进行修正。由于本《标准》中修正方法与国标相同，此处不再重复叙述。

5.3.5　小结

广东省《公共建筑能耗标准》在参考本《标准》的基础上，通过对建筑能耗统计、能源审计等工作收集到的大量的公共建筑能耗数据进行实际分析，并对各类型公共建筑合理分类，制定了各类型公共建筑的能耗指标约束值和引导值。同时，考虑到省内各地区气候、经济发展等因素影响，制定了各地区用能水平系数，对能耗指标进行修正。标准适用于广东省内的办公、旅馆、商场、停车场四类公共建筑运行能耗的管理，从总量控制的角度出发，对省内新建建筑设计、既有建筑改造、建筑用能限额管理及建筑碳交易等各项工作的开展提供支撑。

5.4　深圳市公共建筑能耗标准

"十二五"期间，深圳市建筑产业规模稳步扩大，民用建筑能耗持续增长。截至 2015 年年底，全市新建节能建筑累计超过 1.1 亿 m^2，全市民用建筑用电量超过 300 亿 kWh，约占全社会总用电量的 40%。同时，根据《中华人民共和国节约能源法》、《民用建筑节能条例》、《深圳经济特区建筑节能条例》以及其他有关实行建筑用能限额制定的法律法规及政策方针要求，建设资源节约型和环境友好型社会，推行能耗限额制度，进一步提高深圳地区办公建筑使用过程中的能源利用效率，将办公建筑能耗控制在合理范围内。因此，对公共建筑尤其是大型公共建筑进行节能管理，是有效控制建筑能耗增长幅度，推进建筑节能的重要途径之一。建立各类公共建筑用能定额标准，使得建筑用能管理评价有据可依，是激发市场节能需求、挖掘节能潜力、推动公共建筑能源管理水平提升的有效手段。

深圳市公共建筑能耗限额标准是根据深圳市建筑节能工作开展的需要，陆续开展了《夏热冬暖地区公共建筑能耗定额指标体系》等科研课题，经广泛调查研究，认真总结实践经验，参考有关国家标准、行业标准和其他省（市）有关标准，在广泛征求意见的基础上，采用科学的方法来制定建筑能源消耗定额，作为衡量建筑节能与否的基准值。深圳市于 2013 年 1 月份出台的建筑能耗标准包括《深圳市办公建筑能耗限额标准》、《深圳市商场建筑能耗限额标准》、《深圳市旅游饭店建筑能耗限额标准》共三部，涵盖了办公建筑、商业建筑和旅游饭店建筑三种不同建筑类型。

5.4.1 《深圳市办公建筑能耗限额标准（试行)》

《深圳市办公建筑能耗限额标准（试行)》是根据深圳市建筑节能工作开展的需要，经广泛调查研究，认真总结实践经验，参考有关国家标准、行业标准和其他省（市）有关标准，在广泛征求意见的基础上制定的，给出了对标标尺和节能技改参考标准，以定量管理促进机关节能。该标准于 2013 年 1 月 20 日深圳市住房和建设局官网上发布。

1. 实施对象

本《标准》的实施对象包括政府办公建筑和商业办公建筑。

由于政府办公建筑在使用功能、使用时间及人员密度等方面存在较大差距，因此对两类办公建筑进行区分定额。

2. 定额指标类型

《深圳市办公建筑能耗限额标准（试行)》从适宜的指标中，经权衡利弊，挑选出最佳的指标形式作为办公建筑的能耗限额指标形式，针对政府办公建筑和商业办公建筑的不同特性，确定政府办公建筑的能耗限额指标形式采用"人均电耗"和"单位建筑面积电耗"双指标形式，执行本《标准》时，只需满足其中一个指标的限值要求。而商业办公建筑则采用"单位建筑面积能耗限额"指标。

3. 定额取值方法

在编制办公建筑能耗限额时，限额水平的确定是关键。"限额水平"是指建筑能耗指标不能满足能耗限额要求的概率。"限额水平"反映了建筑节能控制的严格程度，限额水平越高，建筑节能控制越严格，力度也越大。在确定限额水平时，主要综合考虑以下因素：该类建筑的能耗水平；该类建筑的节能运行管理现状与技术现状；适用于该类建筑的各项节能改造措施以及进行节能改造后的节能效果和成本投入等情况。已有研究成果表明，在当前技术、经济水平条件下，公共建筑能耗限额水平选取 0.15～0.30 是较为合理的，即保证社会公共建筑用能水平的通过率在 70%～85% 之间。

综合考虑深圳市办公建筑的能耗水平现状、建筑节能运行管理现状与技术现状、节能改造措施以及进行节能改造后的节能效果和成本投入等情况，最终选取了限额水平 0.20 的能耗限额值作为深圳市商业办公建筑的能耗限额指标。

4. 定额实施条件

1）办公建筑年综合电耗的统计范围

办公建筑年综合电耗的统计范围是统计对象在一年内实际消耗的一次能源（如煤炭、

石油、天然气、液化石油气等）和二次能源（如石油制品、蒸汽、电力等）。所消耗的各种能源应按照本《标准》附录 C，统一换算成等效电，进行综合计算所得的总电量。

办公建筑中食堂所用天然气、液化石油气等炊事用能，以及能分项计量的信息机房、食堂等特殊用电不计入内。

2）政府办公建筑人员的统计范围

政府办公建筑人员的统计范围是政府全体在编职员和长期在政府办公建筑内工作的雇员，临时进场工作的人员不计入内。

3）办公建筑建筑面积的统计范围

办公建筑的面积应按各层外墙外包线围成面积的总和计算。包括半地下室、地下室的面积，但不包括车库面积。

5. 办公建筑能耗限额标准

本《标准》中分别给出了两类不同类型办公建筑的能耗限额标准，如表 5-20、表 5-21 所示。

政府办公建筑（区域）能耗限额表　　　　　　　表 5-20

限额单位	限额值	限额单位	限额值
人均年综合电耗 [kWh/(人·a)]	2000	单位建筑面积年综合电耗 [kWh/(m²·a)]	90

商业办公建筑（区域）能耗限额表　　　　　　　表 5-21

限额单位	限额值
单位建筑面积年综合电耗 [kWh/(m²·a)]	120

5.4.2 《深圳市商场建筑能耗限额标准（试行)》

《深圳市商场建筑能耗限额标准（试行）》是根据深圳市建筑节能工作开展的需要，经广泛调查研究，认真总结实践经验，参考有关国家标准、行业标准和其他省（市）有关标准，在广泛征求意见的基础上，根据深圳市气候特点和具体情况制定的。本《标准》为提高深圳地区商场建筑使用过程中的能源利用效率，将商场建筑能耗控制在合理范围内，给出了对标标尺和节能技改参考标准，以定量管理促进机关节能。该标准于 2013 年 1 月 20 日深圳市住房和建设局官网上发布。

1. 实施对象

本《标准》实施对象为百货店、大型超市、家居建材商店和购物中心。

商场建筑的分类参考国家标准《零售业态分类》GB/T 18106—2004，并根据目前民用建筑能耗统计、审计工作的开展程度，且综合考虑建筑用能强度和节能潜力，针对百货店、大型超市、家居建材商店和购物中心制定了能耗限额。

2. 定额指标类型

适用于商场类建筑常见的能耗限额指标形式主要有"单位建筑面积能耗限额指标"、"人均能耗限额指标"和"单位税收或单位营业额能耗限额指标"，《深圳市商场建筑能耗限额标准（试行）》从适宜的指标中，经权衡利弊，针对商场建筑的特性，确定商场建筑的能耗限额指标采用"单位建筑面积年综合电耗"，易于与现有的建筑能耗统计、审计制度相结合,可操作性强。

3. 定额取值方法

在编制商场建筑能耗限额时,限额水平的确定是关键。在确定限额水平时,主要综合考虑以下因素:该类建筑的能耗水平;该类建筑的节能运行管理现状与技术现状;适用于该类建筑的各项节能改造措施以及进行节能改造后的节能效果和成本投入等情况。已有研究成果表明,在当前技术、经济水平条件下,公共建筑能耗限额水平选取 0.15~0.30 是较为合理的,即保证社会公共建筑用能水平的通过率在 70%~85% 之间。

综合考虑深圳市商场建筑的能耗水平现状、建筑节能运行管理现状与技术现状、节能改造措施以及进行节能改造后的节能效果和成本投入等情况,最终选取了定额水平 0.20 的能耗限额值作为深圳市商场建筑的能耗限额指标。

4. 定额实施条件

1) 商场建筑年综合电耗的统计范围

商场建筑年综合电耗的统计范围是统计对象在一年内实际消耗的一次能源(如煤炭、石油、天然气等)和二次能源(如石油制品、蒸汽、电力等)。所消耗的各种能源应按照本《标准》附录C,统一换算成等效电,进行综合计算所得的总电量。

2) 商场建筑建筑面积的统计范围

商场建筑的面积应按各层外墙外包线围成面积的总和计算。包括半地下室、地下室的面积,但不包括车库面积。

5. 办公建筑能耗限额标准

各类型商场建筑的能耗限额标准如表 5-22~表 5-25 所示。

家居建材商店(区域)能耗限额表　　　　　　　　　　　　表 5-22

限额单位	限额值
单位建筑面积年综合电耗 [kWh/(m²·a)]	250

百货店(区域)能耗限额表　　　　　　　　　　　　表 5-23

限额单位	限额值
单位建筑面积年综合电耗 [kWh/(m²·a)]	315

大型超市(区域)能耗限额表　　　　　　　　　　　　表 5-24

限额单位	限额值
单位建筑面积年综合电耗 [kWh/(m²·a)]	350

购物中心(区域)能耗限额表　　　　　　　　　　　　表 5-25

限额单位	限额值
单位建筑面积年综合电耗 [kWh/(m²·a)]	375

5.4.3 《深圳市旅游饭店建筑能耗限额标准(试行)》

《深圳市旅游饭店建筑能耗限额标准(试行)》是根据深圳市建筑节能工作开展的需要,经广泛调查研究,认真总结实践经验,参考有关国家标准、行业标准和其他省(市)

有关标准，在广泛征求意见的基础上，根据深圳市气候特点和具体情况制定的。本《标准》为提高深圳地区旅游饭店建筑使用过程中的能源利用效率，将旅游饭店建筑能耗控制在合理范围内，给出了对标标尺和节能技改参考标准，以定量管理促进机关节能。该标准于 2013 年 1 月 20 日深圳市住房和建设局官网上发布。

1. 实施对象

本《标准》实施对象为三星级、四星级和五星级旅游饭店。

旅游饭店星级的划分标准参考《旅游饭店星级的划分与评定》GB/T 14308—2010。对于旅游饭店建筑，不同的星级水平，其空调系统形式、室内舒适度要求以及其他服务设施配置要求差异很大。

2. 定额指标类型

适用于旅游饭店类建筑常见的能耗限额指标形式主要有"单位建筑面积能耗限额指标"、"人均能耗限额指标"和"单位税收或单位营业额能耗限额指标"，《深圳市旅游饭店建筑能耗限额标准（试行）》从适宜的指标中，经权衡利弊，针对旅游饭店建筑的用能特性，确定旅游饭店建筑的能耗限额指标采用"单位建筑面积年综合电耗"，其易于与现有的建筑能耗统计、审计制度相结合，可操作性强。

3. 定额取值方法

在编制旅游饭店建筑能耗限额时，限额水平的确定是关键。在确定限额水平时，主要综合考虑以下因素：该类建筑的能耗水平；该类建筑的节能运行管理现状与技术现状；适用于该类建筑的各项节能改造措施以及进行节能改造后的节能效果和成本投入等情况。已有研究成果表明，在当前技术、经济水平条件下，公共建筑能耗限额水平选取 0.15～0.30 是较为合理的，即保证社会公共建筑用能水平的通过率在 70%～85% 之间。

综合考虑深圳市旅游饭店建筑的能耗水平现状、建筑节能运行管理现状与技术现状、节能改造措施以及进行节能改造后的节能效果和成本投入等情况，最终选取了定额水平 0.20 的能耗限额值作为深圳市旅游饭店建筑的能耗限额指标。

4. 定额实施条件

1）旅游饭店建筑年综合电耗的统计范围

旅游饭店建筑年综合电耗的统计范围是统计对象在一年内实际消耗的一次能源（如煤炭、石油、天然气等）和二次能源（如石油制品、蒸汽、电力等）。所消耗的各种能源应按照本《标准》附录 C，统一换算成等效电，进行综合计算所得的总电量。

2）旅游饭店建筑建筑面积的统计范围

旅游饭店建筑的面积应按各层外墙外包线围成面积的总和计算。包括半地下室、地下室的面积，但不包括车库面积。

5. 办公建筑能耗限额标准

本《标准》根据旅游饭店的不同星级分别制定了能耗限额。各级旅游饭店建筑的能耗限额标准如表 5-26～表 5-28 所示。

三星级及以下旅游饭店建筑（区域）能耗限额表　　　　表 5-26

限额单位	限额值
单位建筑面积年综合电耗 ［kWh/(m²·a)］	200

四星级旅游饭店建筑（区域）能耗限额表　　　　　　　　　　　表 5-27

限额单位	限额值
单位建筑面积年综合电耗［kWh/(m² • a)］	250

五星级旅游饭店建筑（区域）能耗限额表　　　　　　　　　　　表 5-28

限额单位	限额值
单位建筑面积年综合电耗［kWh/(m² • a)］	285

5.4.4　深圳市公共建筑能耗限额标准的后期修订

为进一步贯彻国家节约能源、保护环境的有关法律法规和方针政策，促进深圳市建筑可持续发展，推进建筑节能工作深入开展，控制建筑能耗总量，规范管理公共建筑运行能耗，深圳市在建筑能耗限额标准试行版的基础上再次修订，于 2015 年 5 月，完成了《深圳市公共建筑能耗限额标准》的修订工作，形成征求意见稿并经由深圳市住建局向社会各界公开征求意见，目前审定稿已提交住建局审议通过，拟于近期发布。"十三五"期间，依据国家相关标准及深圳市建筑节能减排目标，进一步修订和实施更高要求的《深圳市公共建筑能耗限额标准》。

1. 实施对象

新版《深圳市公共建筑能耗限额标准》修订后所涉及的建筑类型与原来相同，即对象仍然为办公建筑、宾馆饭店建筑和商场建筑。同时，在新版标准中增加了各类不同功能建筑类型机动车地下车库能耗标准。新版标准根据各类公共建筑能否利用自然通风分为 A、B 两类。

2. 定额指标类型

新版标准中公共建筑能耗指标以单位建筑面积年能耗量作为能耗指标的表达形式，是公共建筑用能性质，按照规范化的方法得到的归一化的能耗数值。

针对每一类建筑的能耗指标分别设置了约束值和引导值，约束值又根据建筑的不同年代分别根据国家标准《公共建筑节能设计标准》GB 50189—2005/2015 两版设置了约束Ⅰ值和约束Ⅱ值。约束值是为实现建筑使用功能所允许消耗的建筑能耗指标上限值，引导值则是在实现建筑使用功能的前提下，综合高效利用各种建筑节能技术和管理措施，实现更高建筑节能效果的建筑能耗指标期望目标值。

3. 定额取值方法

公共建筑能耗实测值应包括在建筑中使用的由建筑外部提供的全部电力、燃气和其他石化能源，以及由集中供冷系统向建筑提供的冷量。公共建筑能耗指标实测值或实测值的修正值应小于其对应的公共建筑能耗指标约束值；有条件时，宜小于其对应的公共建筑能耗指标引导值。公共建筑能耗以一个完整的日历年，即每年的 1 月 1 日至 12 月 31 日为时间范围的累积能耗计。

其中，公共建筑由外部集中供冷系统提供的冷量，应根据向该建筑物的实际供冷量和供冷系统综合 COP（取值 4.6）计算得到所获得冷量折合的电量，计入公共建筑能耗实测值；公共建筑消耗的除电力以外的其他能源均应按照国家相关标准规定的方法折算成电耗。

4. 定额修正因素

1）当公共建筑实际使用强度超出下列规定的指标时，宜按本《标准》第 5.0.2～5.0.6 条规定确定能耗指标实测值（E）的修正值，并与本《标准》第 4 章规定的公共建筑能耗指标约束值（E_{cv}）或引导值（E_{lv}）进行比较。

（1）办公建筑：年使用时间（T_0）2500h，人均建筑面积（S_0）10m²；

（2）宾馆酒店建筑：年平均客房入住率（H_0）50%，客房区建筑面积占总建筑面积比例（R_0）70%；

（3）超市建筑：年使用时间（T_0）5500h；

（4）百货/购物中心建筑：年使用时间（T_0）4570h；

（5）一般商铺：年使用时间（T_0）5000h。

2）办公建筑能耗指标实测值的修正值应按公式（5-3）～公式（5-5）确定。

$$E_C = E \cdot \gamma_1 \cdot \gamma_2 \tag{5-3}$$

$$\gamma_1 = 0.3 + 0.7 \frac{T}{T_0} \tag{5-4}$$

$$\gamma_2 = 0.7 + 0.3 \frac{S}{S_0} \tag{5-5}$$

式中　E_C——办公建筑能耗指标实测值的修正值；

　　　E——办公建筑能耗指标实测值；

　　　γ_1——办公建筑使用时间修正系数；

　　　γ_2——办公建筑人员密度修正系数；

　　　T——办公建筑年实际使用时间（h/a）；

　　　S——办公建筑实际人均建筑面积，为建筑面积与实际使用人员数的比值（m²/人）。

3）宾馆酒店建筑能耗指标实测值的修正值应按公式（5-6）～公式（5-8）确定。

$$E_C = E \cdot \theta_1 \cdot \theta_2 \tag{5-6}$$

$$\theta_1 = 0.4 + 0.6 \frac{H}{H_0} \tag{5-7}$$

$$\theta_2 = 0.5 + 0.5 \frac{R}{R_0} \tag{5-8}$$

式中　E_C——宾馆酒店建筑能耗指标实测值的修正值；

　　　E——宾馆酒店建筑能耗指标实测值；

　　　θ_1——入住率修正系数；

　　　θ_2——客房区面积比例修正系数；

　　　H——宾馆酒店建筑年实际入住率；

　　　R——实际客房区面积占总建筑面积比例。

4）商场建筑能耗指标实测值的修正值应按公式（5-9）、公式（5-10）确定。

$$E_C = E \cdot \delta \tag{5-9}$$

$$\delta = 0.3 + 0.7 \frac{T}{T_0} \tag{5-10}$$

式中　E_C——办公建筑能耗指标实测值的修正值；

　　　E——办公建筑能耗指标实测值；

δ——商场建筑使用时间修正系数;

T——商场建筑年实际使用时间（h/a）。

5）对于采用蓄冷系统的公共建筑，其能耗指标实测值可依据蓄冷系统全年实际蓄冷量占建筑全年总供冷量的比例进行修正，得到其能耗指标修正值。

$$e' = e_0 \times (1 - \alpha_1) \tag{5-11}$$

式中　e'——采用蓄冷系统的公共建筑能耗指标修正值 $[kWh/(m^2 \cdot a)]$；

　　　e_0——采用蓄冷系统的公共建筑能耗指标实测值 $[kWh/(m^2 \cdot a)]$；

　　　α_1——蓄冷系统能耗指标修正系数，按表 5-29 取值。

蓄冷系统能耗指标修正系数　　　　　　　　　　　表 5-29

蓄冷系统全年实际蓄冷量占建筑物全年总供冷量比例	α_1
小于等于 30%	0.02
大于 30% 且小于等于 60%	0.04
大于 60%	0.06

5. 定额实施条件

1）公共建筑年综合电耗的统计范围

公共建筑年综合电耗的统计范围是统计对象在一年内实际消耗的一次能源（如煤炭、石油、天然气等）和二次能源（如蒸汽、电力、汽油、柴油、液化石油气等）。所消耗的各种能源应按照供电煤耗法（一般可取值 0.320kgce/kWh 或 0.2Nm³/kWh）统一换算成电。

2）建筑面积的统计范围

建筑面积应按国家标准《房产测量规范》GB/T 17986 与深圳市地方标准《房屋建筑面积测绘技术规范》SZJG 22 确定。

6. 公共建筑能耗限额标准

新版标准中规定的各类公共建筑能耗标准如表 5-30～表 5-33 所示。

办公建筑能耗指标的约束值和引导值 $[kWh/(m^2 \cdot a)]$　　　　　表 5-30

建筑分类		约束值		引导值
		Ⅰ	Ⅱ	
A 类	党政机关办公建筑	75	65	50
	非党政机关办公建筑	95	80	65
B 类	党政机关办公建筑	90	75	60
	非党政机关办公建筑	110	95	75

宾馆酒店建筑能耗指标的约束值和引导值 $[kWh/(m^2 \cdot a)]$　　　　表 5-31

建筑分类		约束值		引导值
		Ⅰ	Ⅱ	
A 类	三星级及以下	120	100	80
	四星级	145	120	100
	五星级	155	130	110

续表

建筑分类		约束值		引导值
		I	II	
B类	三星级及以下	170	140	105
	四星级	220	180	135
	五星级	245	210	150

商场建筑能耗指标的约束值和引导值 [kWh/(m² · a)]　　　表 5-32

建筑分类		约束值		引导值
		I	II	
A类	一般百货店	140	120	100
	一般购物中心	140	120	100
	一般超市	165	135	105
	餐饮店	95	85	65
	一般商铺	95	85	65
B类	大型百货店	270	230	190
	大型购物中心	350	300	245
	大型超市	330	280	230

机动车停车库能耗指标的约束值和引导值 [kWh/(m² · a)]　　　表 5-33

功能分类	约束值		引导值
	I	II	
办公建筑	12	9	6
宾馆酒店建筑	18	15	11
商场建筑	15	12	8

5.4.5　小结

深圳市在《夏热冬暖地区公共建筑能耗定额指标体系研究》等课题的基础上，基于建筑能耗审计数据，研究确定了公共建筑分类方法、指标类型和指标取值，编制了《深圳市公共建筑能耗限额标准》，分为《深圳市旅游饭店建筑能耗限额标准》、《深圳市办公建筑能耗限额标准》和《深圳市商场建筑能耗限额标准》三部分项标准。

三部标准已经在相关领域全面推广应用。深圳市大型公共建筑能耗监测平台数据的统计结果表明，《深圳市公共建筑能耗限额标准》的实施情况良好，基本能够满足节能管理的现实需求。2015年对现行能耗限额标准进行修订，并于2017年6月正式发布。